HIGH PROTEIN RECIPES 151

增肌&減重 高蛋白料理151

醫學博士監修！6大食材特調，均衡好吃無負擔

主婦之友社・編著
福田千晶・醫學監修
安珀・譯

前言

蛋白質是成為肌肉原料的重要營養素。
若能充分攝取蛋白質，增加肌肉量，
就能提升基礎代謝率，不容易發胖，
所以也會提升瘦身的效果！
有了結實的肌肉，就能維持優美的體態。
在我們的周遭充斥著大量的食物。
「隨時都能吃到想吃的東西。」
縱使身處這樣食物豐盛的時代，不知為何蛋白質卻有不足的趨勢。
但是這件事不難解決。只需比以往稍微
「意識到要攝取蛋白質就ＯＫ了」。
本書中介紹了許許多多能夠充分攝取蛋白質的食譜。
有能夠迅速完成的簡單菜色，
也有只需稍微費點工夫製作的料理。
請依照當天的身體狀況、心情，或是時間多寡等條件自由選擇，愉快享用。
也非常歡迎大家在食譜的提示之下，隨自己的喜好調整調味料的分量！
重要的是，在自己能力所及的範圍內補充蛋白質。
因為愉快用餐、吃得美味才是最重要的事。

本書中刊載了
豐富的食譜，
每道料理能攝取
15g以上的
蛋白質！

蛋白質是除了
正在從事肌肉訓練或運動的人之外，
希望正在進行減重的人、
希望變得健康的人，
大家都要攝取的營養素！

「為健康著想，最好減少攝食肉類等」、
「以蔬菜為主的餐點比較健康」，你是這麼想的吧？
但是，如果蛋白質攝取不足，
就會擔心身體或腦部，甚至心臟出現毛病。
為了能夠一直過著年輕漂亮有活力的生活，
持續在每天三餐中不斷地攝取蛋白質很重要。

CONTENTS

前言……002
說不定你也缺乏蛋白質？Check List……006
缺乏蛋白質是各種毛病的根源！……007
聰明攝取蛋白質的7大POINT……008
Column……010

PART 1 雞肉……011

雞胸肉／雞里肌肉／雞絞肉／雞翅腿

芥末籽醬煮高麗菜雞肉……012
鹽麴雞胸肉火腿……013
八寶菜風味雞肉炒青江菜……014
香辣雞肉沙拉……015
咖哩檸檬煮……015
南蠻雞……016
中式蒸雞肉……017
嫩煎雞肉佐蘑菇奶油醬汁……018
雞肉南蠻漬……019
炸雞塊……019
異國風味雞肉炒豆苗……020
蒸雞肉佐蔬菜醬汁……020
俄式酸奶雞肉……021
治部煮……021
中式核桃青花菜炒雞肉……022
香辣堅果炒雞肉……022
半敲燒風味沙拉……023
義式雞肉蛋櫛瓜麵……023
快炒萵苣雞肉……024
番茄煮雞胸肉……024
秋葵泥鹽麴雞肉……025
義式生火腿雞肉卷……025
橄欖油大蒜蘆筍雞肉……026
雞柳拿坡里義大利麵……026
燜烤煙燻鮭魚雞柳卷……027
乳酪夾心炸雞柳……027
免油炸香雞排……028
坦都里炸雞翅腿……028

PART 2 豬肉……029

豬里肌肉／豬腿肉／豬五花肉／特定部位豬邊角肉
豬腰內肉／豬肋排／豬絞肉

薑燒豬肉……030
煎豬里肌肉……030
豬肉南蠻漬……031
蠔油煮豬肉……032
椰汁豬肉花椰菜……032
芝麻拌芝麻菜豬火鍋肉片……033
香辣豆芽拌豬肉……033
煎山藥豬肉卷……034
涼拌香嫩豬肉……034
海帶芽乳酪豬肉卷……035
葡萄柚醋淋豬火鍋肉片……035
番茄豬肉卷……036
蔥絲芥末拌涮肉片……036
俄式酸奶蜂斗菜豬肉……037
咖哩炒茄子豬肉……038
西洋芹豬肉卷……039
烤長蔥豬肉卷……039
番茄燉花椰菜豬肉……040
香煮豬肉片……041
榨菜炒豬肉……042
鹹甜炒豬肉……043
韭菜炒豬肉……043
烤生香菇腰內肉南蠻漬……044
滷豬腰內肉……044
芥末籽嫩煎豬腰內肉……045
生薑燉排骨……045
微波毛豆燒賣……046
金針菇擔擔麵……046

PART 3 牛肉……047

牛腿肉／特定部位牛邊角肉／各部位牛邊角肉
牛絞肉／牛肋排／牛排肉／牛腱肉

芥末籽煎牛肉……048
紫蘇卷一口牛排……049
味噌醬汁牛肉串燒……050
照燒茄子牛肉卷……050
麵包粉煎乳酪夾心牛肉排……051
嫩煎蕪菁牛肉佐芥末籽醬汁……052
牛肉半敲燒……053
微波烤牛肉……053
乳酪焗烤牛肉……054
黃豆芽牛火鍋肉片佐韭菜醬汁……054
異國風味牛火鍋肉片沙拉……055
牛肉櫛瓜韓式歐姆蛋……055
蔬菜多多牛肉卷……056
番茄煮牛肉……056
牛邊角肉的炸丸子……057
蒟蒻絲版韓式炒冬粉……057
牛肉蓋飯……058
香料烤牛肉……059
豆瓣醬炒牛絞肉竹筍豌豆莢……059
烤牛肋排南蠻漬……060
麵包粉烤帶骨牛肋排……060
異國風味咖哩……061
烤牛肉……061
蒜味牛排……062
番茄醬汁拌嫩煎牛肉……063
味噌漬牛肉……063
韓式風味豆腐燉牛肉……064
牛肉義式三明治……064

PART 4 魚肉……065

鯖魚／鮭魚／旗魚／鰤魚／鰆魚
沙丁魚／鮪魚／竹筴魚／秋刀魚／蝦／章魚

蛋焗鯖魚罐頭和豆腐……066
炸豆腐鯖魚罐頭雪見鍋……067
鯖魚鬆蓋飯……067
芙蓉鯖魚高麗菜卷……068
棒棒雞風味鯖魚……069
芥末籽烤鮭魚……070
咖哩煮鮭魚高麗菜……071
煎旗魚……072
乳酪夾心炸旗魚……073
醬炒番茄旗魚……073
煎鰤魚蘿蔔溫沙拉……074
照燒鰤魚……074
中式蒸蔬菜鰆魚……075
乳酪炸鰆魚……075
番茄煮馬鈴薯沙丁魚……076
咖哩麵衣炸沙丁魚……077
沙丁魚甘露煮……077
鮪魚半敲燒沙拉……078
鮪魚新洋蔥堅果沙拉……079
韃靼鮪魚……079
竹筴魚南蠻漬……080
烤秋刀魚沙拉……080
韓式泡菜炒蝦……081
焗烤蝦仁水煮蛋高麗菜……081
醋漬茄子章魚……082
美乃滋炒章魚……082

PART 5 黃豆……083

豆腐／油豆腐皮／凍豆腐
蒸黃豆／黃豆粉

玉米焗烤豆腐&雞肉……084
豆腐番茄健康披薩……085
肉片豆腐……086
西式炒豆腐……086
香辣豆腐……087
和風雞蛋豆腐湯……088
和風焗烤豆腐雞柳……088
豆腐肉末咖哩……089
微波蒸鮭魚豆腐……090
鬆鬆軟軟番茄炒蛋豆腐……090
乳酪&培根豆腐……091
微波雞柳豆腐……091
鹽漬豆腐山苦瓜炒什錦……092
蕈菇芡汁鹽漬豆腐排……093
豆皮福袋煮……094
烤豆皮鑲乳酪絞肉……094
照燒凍豆腐豬肉卷……095
焗烤雞肉凍豆腐……096
蛋花凍豆腐……097
紅燒肉風味凍豆腐肉卷……097
凍豆腐無派皮法式鹹派……098
乳酪火腿夾心炸雞柳……098
香蒜辣椒黃豆……099
青海苔黃豆……099
黃豆粉韓式乳酪煎餅……100
黃豆粉炸豬排……100

PART 6 蛋……101

尼斯風味沙拉……102
美乃滋炒蛋和蟹肉棒……103
油菜花歐姆炒蛋……103
芝麻美乃滋烤水煮蛋南瓜……104
韓式煎餅風味玉子燒……104
鬆軟蛋白雞肉湯……105
芡汁荷包蛋……105
番茄鮪魚炒蛋……106
菠菜歐姆蛋……106
披薩風味煎蛋……107
菠菜香腸法式鹹派……107
奶油玉米蛋……108
水煮蛋牛肉卷……108
鴻喜菇蝦仁軟綿炒蛋……109
豆腐芙蓉蛋……109

依蛋白質含量排序　索引……110

說不定
你也缺乏蛋白質？

因為受到減重或偏食的影響等，不分老少，缺乏蛋白質的人愈來愈多。請試著檢視以下的項目，即使只有1個項目符合，也有可能是缺乏蛋白質的徵兆！從今天起，請務必重新考慮三餐的內容。

Check List

- □ 目前正在減重，或是經常進行瘦身
- □ 幾乎不吃早餐
- □ 因為忙碌，三餐通常簡單解決
- □ 家裡不太製作肉類料理
- □ 為了健康著想，盡可能不吃肉
- □ 纖瘦的體質，怎麼吃都不容易胖
- □ 早上起床時爬不起來
- □ 容易疲倦
- □ 注意力不集中
- □ 有時候會恍神
- □ 容易焦躁
- □ 提重物或上下樓梯很吃力等，覺得肌力衰退
- □ 有頭暈目眩等類似貧血的症狀
- □ 容易感冒
- □ 肌膚漸漸變得沒有彈性
- □ 頭髮乾枯，沒有光澤
- □ 髮量漸漸變少
- □ 指甲變得容易斷裂
- □ 覺得浮腫

缺乏蛋白質是各種毛病的根源！

1天的蛋白質目標量

男性 75g　女性 57g

蛋白質分成 3 餐，1 餐至少要攝取 15g，就能預防蛋白質不足。因為希望從事肌肉訓練等激烈運動的人稍微多攝取一點蛋白質，所以，設定 1 天 100g，1 餐 30g 為目標。正在進行瘦身的人，如果留意攝取 1 天 80g，1 餐 25g 的蛋白質，就不會變得憔悴或蒼老，可以健康地瘦下來。

※ 依據體格、運動量和目標等，所需的攝取量因人而異

※ 蛋白質的目標量是根據日本厚生勞働省「日本人的食事攝取基準（2020 年版）」

三餐充分攝取蛋白質是肌肉訓練&減重成功的要訣

不管努力進行再多的肌肉訓練，如果缺乏形成肌肉的原料「蛋白質」的話，就無法增加肌肉量，也不會提高肌力。而且，勉強進行減重，反覆減重&復胖的話，肌肉會不斷減少，反而變成很難瘦下來的體質。換句話說，為了提升肌肉訓練的效果&減重成功，必須在每日三餐中不斷地補充蛋白質！

此外，缺乏蛋白質還會引起各種毛病。原因在於，皮膚和頭髮是以蛋白質構成的，而且荷爾蒙和免疫物質等的調整、將訊息傳送到腦部的神經物質的生成，也都與蛋白質息息相關。容易疲倦、手腳冰冷、記憶力或注意力下降，也都是因為缺乏蛋白質。有的人會因缺乏蛋白質而荷爾蒙失衡，提早出現更年期障礙之類的症狀；或是免疫機能下降，變得容易罹患感冒等疾病。

蛋白質是由多種胺基酸所組成，但是在20種必需胺基酸當中，有9種無法在體內製造。所以，每天三餐從各式各樣的食材中攝取蛋白質很重要。

7大POINT

POINT

1 從各式各樣的食材中平均地攝取

肉、魚、黃豆・黃豆加工食品、蛋、乳製品這些含有豐富蛋白質的食材，品項繁多，但是除了蛋白質之外，所含的營養素卻各有不同。為了養成攝取均衡營養的飲食習慣，要注意將動物性蛋白質、植物性蛋白質摻雜在一起，從各種不同的食材中攝取。因為喜歡吃肉所以一直只吃肉，蛋比較容易料理所以一直只吃蛋，像這樣「只吃某種食材」，不僅會營養失衡，還會擔心味道吃膩了之後無法長久持續下去。

2 不要勉強吃討厭的食材

「蛋白質要從各種不同的食材中攝取」是理想，但是沒有必要勉強吃下討厭的食材。例如，「雖然討厭納豆，但是為了身體健康必須努力吃」，像這樣勉強進食的話，用餐這件事就會漸漸形成壓力。用餐時首先請重視「愉快享用，吃得美味」。除此之外，「自然而然地將蛋白質加入餐點中」是養成健康用餐習慣的要訣。

3 為了避免攝取過多的脂質，要去除肉類的脂肪

攝取屬於動物性蛋白質的肉類時，希望大家注意的是脂肪。脂肪擁有肉類才有的鮮味，但是攝取過量的話，恐怕血液中的中性脂肪或膽固醇會過剩。食用肉類的時候，最好多費點工夫，例如盡可能挑選脂肪少的部位、切除肥肉，或是以網架烘烤等方式除去脂肪的部分。因為絞肉的脂肪是摻雜在裡面的，所以要注意攝取的分量。雞肉去除黃色的脂肪和雞皮，就能防止攝取過多的脂質。

POINT 4

做得清淡一點，然後添加調味料，就能減少鹽分或砂糖的攝取量

豆腐、納豆等黃豆加工品很適合搭配醬油，所以我們有可能在不知不覺中攝取了過多的鹽分。最好使用酸橘醋和檸檬汁等，在調味料方面下工夫之後食用。此外，本書的食譜是以一般的調味去標明調味料的標準。患有高血糖或高血壓的人、想要預防這些疾病的人，試著以稍微少一點的用量來完成料理，也是一個好方法。而且，食用的時候，配合每個人的身體狀況或喜好來添加調味料才是健康的做法。

POINT 5

即使有幾天無法充分攝取蛋白質也OK

蛋白質是希望大家每天好好攝取的養分。不過，可能因為「工作忙碌」、「身體不舒服」、「沒有胃口」等各種不同的理由，有些日子裡無法達到預定的蛋白質攝取量。但是，即使有幾天無法充分攝取蛋白質也OK！並不會有「因為少吃到一次充分的蛋白質，所以已經沒用了」這種事。等時間充裕或心情輕鬆之後，再重新開始就可以了。即使很緩慢也沒關係，重要的是能持續進行下去。

聰明攝取蛋白質的

POINT 6

忙碌的人可以把乳酪等食物當成點心

「只靠三餐也許無法補充足夠的蛋白質」，建議為此感到不安的人，也可以藉由點心來攝取蛋白質。例如乳酪、優格、便利超商等處所販售的即食雞肉、魚肉香腸或水煮蛋等，有各種不同的來源可在工作等的空檔簡便地攝取蛋白質。也可以飲用牛奶或優格飲料（請盡可能選用不太含有糖分的商品）。

POINT 7

腸胃虛弱的人，先從容易消化的植物性蛋白質開始攝取

動物性蛋白質在消化吸收時需要能量。在那之前不怎麼吃肉的人，突然吃下一大堆的肉，胃可能會消化不了，或是身體感到疲累。腸胃虛弱的人，首先從容易消化的植物性蛋白質開始攝取。此外，如果在晚上快要睡覺之前攝取動物性蛋白質的話，因為睡眠中腸胃也必須運作，所以身體沒有休息。建議在午餐時食用肉類。如果是晚餐的話，記得要在就寢的3個小時前食用。

column

隨著年齡增長，肌肉量會減少。充分地攝取蛋白質就能常保活力與年輕

肌肉量會隨著年齡增長一點一點地減少。肌肉量減少之後，肌力和體力下降的肌少症（Sarcopenia）、其所造成的身體變虛弱的衰弱症（Frailty），在進入超高齡社會的今天，已經變成重大的問題。而且，缺乏蛋白質的人，看起來比實際歲數還要蒼老。但是，藉由攝取蛋白質＋適度的運動，不論從幾歲開始，都有可能增加肌肉量！從今天起改變三餐的飲食，有意識地攝取蛋白質，5年、10年後的健康狀態或外貌就會產生很大的差異。

本書的使用規則

- 1小匙是5ml，1大匙是15ml，1杯是200ml。
- 火候如果沒有特別指示的話，使用的是中火。
- 平底鍋使用的是鐵氟龍不沾鍋
- 計算出來的蛋白質分量、醣類分量、熱量是1人份大約的數值。
  材料為「（容易製作的分量）」時，則是全量的數值。
  依個人喜好添加的配菜等，不包含在計算範圍內。
- 蔬菜類如果沒有特別指示的話，說明的是完成清洗、去皮等
  作業之後的步驟。
  魚貝類也是如此，如果沒有特別指示的話，說明的是完成「刮除魚鱗」、
  「去除多餘的水分」等作業之後的步驟。
- 日式高湯指的是以柴魚片、昆布、小魚乾等萃取出來的高湯。
  如果使用市售的即食日式高湯，請按照包裝上的標示，以熱水溶解等備用。
  此外，如果是含有鹽分的商品，請先嘗過味道之後再調味。
  高湯可以使用法式清湯、法式肉湯等西式高湯的顆粒、湯塊等製作。
- 在醫療機構接受營養指導的人，請遵從該機構的指導。

雞肉

雞胸肉／雞里肌肉
雞絞肉／雞翅腿

雞肉纖維細緻柔軟，肉中所含的蛋白質容易消化吸收，也推薦給腸胃虛弱的人食用。在雞肉的蛋白質當中，必需胺基酸之一的甲硫胺酸含量非常豐富。

以芥末籽醬和白酒為清淡的雞胸肉提升香氣

芥末籽醬煮高麗菜雞肉

蛋白質	醣類	熱量
31.4g	4.0g	258kcal

材料（2人份）

雞胸肉……1片
鹽……1/4小匙
胡椒……少許
芥末籽醬……1大匙
高麗菜……2片
橄欖油……1小匙
白酒……1大匙

作法

1 雞胸肉切成較大的塊狀，放入缽盆中，加入鹽、胡椒、芥末籽醬攪拌。高麗菜切成稍大一點的塊狀。

2 將高麗菜放入耐熱器皿中，以畫圓的方式淋入橄欖油、白酒，然後放上雞肉。鬆鬆地覆蓋保鮮膜，以微波爐（600W）加熱6分鐘。掀除保鮮膜之後混合攪拌。盛盤之後，依個人喜好附上檸檬。

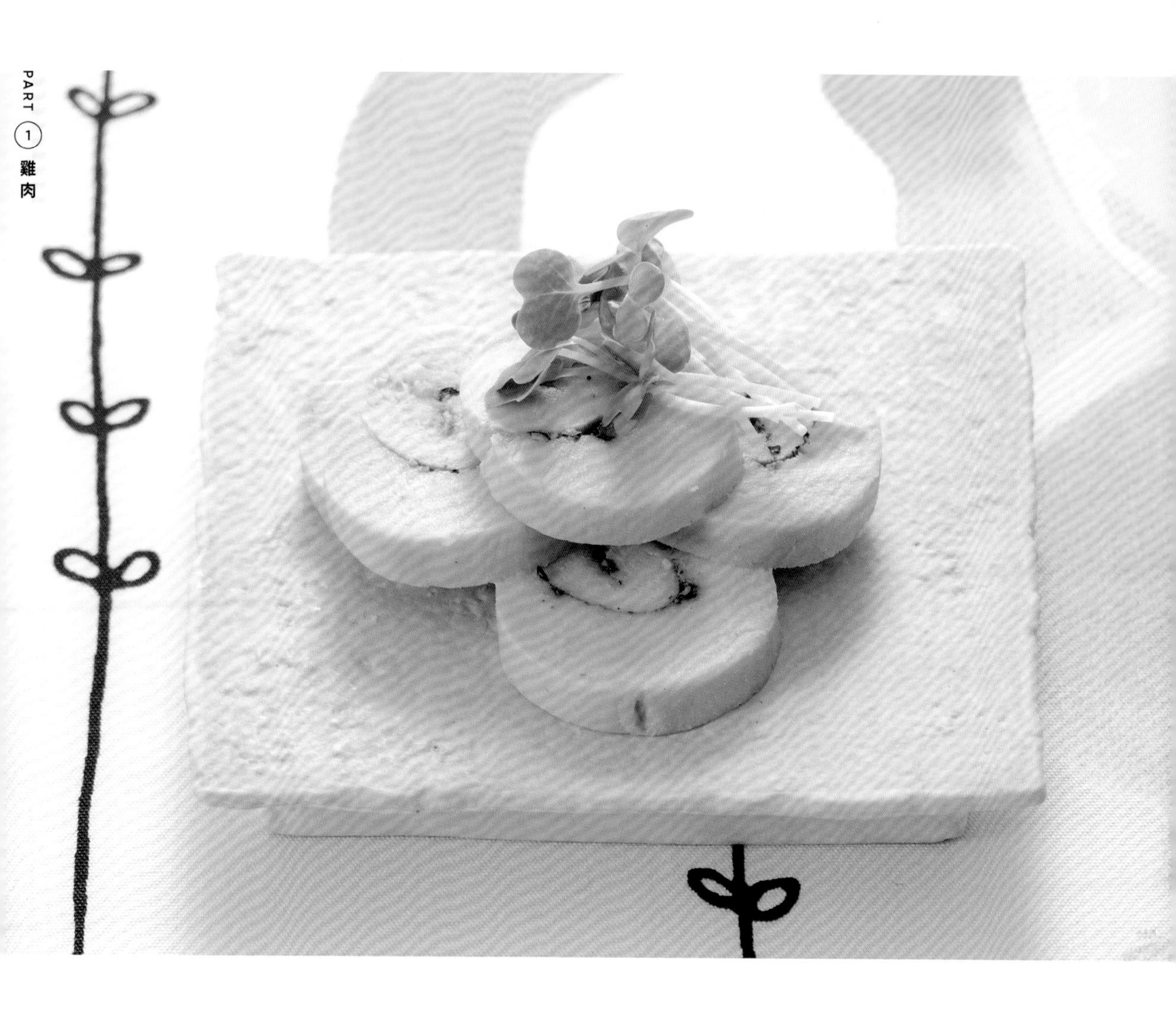

與發酵食品組合之後能提升免疫力

鹽麴雞胸肉火腿

蛋白質	醣類	熱量
121.2g	11.4g	871kcal

材料（容易製作的分量）

雞胸肉……2片
鹽麴……3大匙
粗磨黑胡椒……適量
蘿蔔嬰……適量

作法

1 雞胸肉去除雞皮，以蝴蝶刀法片開之後，在兩面塗上鹽麴。將2片雞胸肉重疊，以保鮮膜包住，放置1小時左右。
2 以廚房紙巾擦掉鹽麴，然後在上方的那面撒上大量的粗磨黑胡椒。從邊緣開始一圈圈地捲起來，以保鮮膜包住，然後再用鋁箔紙包起來。
3 將鍋中的熱水煮滾，放入2，以大火煮4～5分鐘。關火之後，就這樣放著，直到熱水變涼，利用餘熱讓中心熟透。
4 完全放涼之後剝除鋁箔紙和保鮮膜，切成容易入口的圓形切片之後盛盤，附上切除根部的蘿蔔嬰。

蔬菜＋芡汁，雞胸肉變身為溫和的口感

八寶菜風味雞肉炒青江菜

材料（2人份）

雞胸肉……1片
鹽、胡椒……各少許
青江菜……大1個
胡蘿蔔……20g
香菇……1個
長蔥……5cm
生薑（薄片）……1片
沙拉油……1大匙
A
蠔油……1/2小匙
醬油……1小匙
中式高湯顆粒……1/2小匙
水……3/4杯
B
片栗粉……1又1/2小匙
水……3小匙
芝麻油……1/2小匙

作法

1 雞胸肉以斜刀片成肉片，撒上鹽、胡椒。青江菜斜切成3～4cm，胡蘿蔔切成長方形切片，香菇切除菇柄底部後切成薄片，長蔥斜切成蔥花，生薑切成碎末。
2 將沙拉油放入平底鍋中，再將雞肉排列在鍋中。以中火加熱，煎到兩面稍微上色為止。加入生薑、長蔥、青江菜的菜莖部分、胡蘿蔔、香菇一起炒，加入A之後煮滾。
3 加入青江菜的菜葉之後迅速煮一下。將B的片栗粉以水溶勻之後加入鍋中勾芡，以畫圓的方式淋入芝麻油之後稍微煮滾即可。

添加了含有豐富多酚、Omega-3脂肪酸的核桃

香辣雞肉沙拉

材料（2人份）

雞胸肉……1片
鹽……1/6小匙
胡椒……少許
橄欖油……1小匙
大蒜（薄片）……2片
萵苣……2片
番茄……1/2個
綜合沙拉葉菜……20g
A 美乃滋……1大匙
A 原味優格……1大匙
A 辣椒粉……1/2小匙
A 鹽、胡椒……各少許
核桃（無鹽、烘烤過）20g

作法

1. 雞胸肉切成方塊，撒上鹽、胡椒。
2. 將橄欖油放入平底鍋中，再放入雞肉、大蒜，以中火加熱。將表面迅速煎一下之後蓋上鍋蓋，燜煎約8分鐘，將雞肉煎熟。取出後放入缽盆等容器中放涼。
3. 萵苣撕成容易入口的大小，番茄切成滾刀塊。將綜合沙拉葉菜等蔬菜和雞肉一起盛入器皿中，淋上混合均勻的A，最後撒上大略切碎的核桃。

蛋白質 60.3g　醣類 3.5g　熱量 486kcal

開胃的香料也有健胃整腸的效果

咖哩檸檬煮

材料（2人份）

雞胸肉……2片
鹽……1/2小匙
胡椒……少許
咖哩粉……2小匙
洋蔥……30g
大蒜……1/2瓣
生薑……1/2塊
沙拉油……1大匙
丁香……2個
肉桂棒……1/2根
小茴香、芫荽籽……各少許
檸檬（圓形切片）……4片
白酒……1大匙

作法

1. 雞胸肉以斜刀片成較大的肉片，撒上鹽、胡椒，加上咖哩粉攪拌。洋蔥切成瓣形之後剝散。大蒜將厚度切成一半，生薑切成薄片。
2. 將沙拉油、大蒜、生薑、丁香、肉桂棒、小茴香、芫荽籽、洋蔥放入鍋中，以中火加熱。散發出香氣之後放入雞肉、檸檬、水1/4杯、白酒，蓋上鍋蓋， 煮滾之後轉為小火，煮15分鐘左右。

不是「油炸」，而是以「煎烤」製作出更健康的料理

南蠻雞

蛋白質	醣類	熱量
35.0g	1.9g	368kcal

材料（2人份）

- 雞胸肉……1片
- 鹽……1/6小匙
- 胡椒……少許
- 麵粉……1小匙
- 打散的蛋液……1/2個份
- 沙拉油……2小匙
- 波士頓萵苣……4片
- A
  - 水煮蛋（碎末）……1個份
  - 洋蔥（碎末）……1小匙
  - 鹽、胡椒……各少許
  - 美乃滋……1又1/2大匙
  - 檸檬汁……1小匙

作法

1. 雞胸肉切成6等分的薄片，撒上鹽、胡椒。全體沾裹薄薄一層麵粉，再裹上打散的蛋液。
2. 將沙拉油放入平底鍋中，放入雞肉之後以中火加熱，將兩面煎成漂亮的金黃色。
3. 將波士頓萵苣和2盛盤，淋上混合均勻的A。

榨菜含有鐵和鋅，將其鮮味和鹹味當成調味料

中式蒸雞肉

蛋白質	醣類	熱量
31.2g	1.8g	238kcal

材料（2人份）

- 雞胸肉……1片
- 鹽、胡椒……各少許
- 長蔥……5cm
- 榨菜（調味）……20g
- 綠豆芽……100g
- 醬油……1小匙
- 芝麻油……1小匙
- 酒……2小匙

作法

1. 雞胸肉以斜刀片成肉片，撒上鹽、胡椒。長蔥縱切成一半之後斜切成薄片，榨菜切絲。
2. 將綠豆芽鋪開在耐熱器皿中，再放上雞肉，淋上醬油、芝麻油、酒，撒上長蔥、榨菜，鬆鬆地覆蓋保鮮膜，再以微波爐（600W）加熱5分30秒。

使用醣類比牛奶更少的鮮奶油製作

嫩煎雞肉
佐蘑菇奶油醬汁

材料（2人份）

雞胸肉……1片
鹽……1/5小匙
胡椒……少許
橄欖油……1小匙
大蒜（薄片）……2片
迷迭香……1枝
＜奶油醬汁＞
　奶油……2小匙
　蘑菇（薄片）……6個份
　白酒……1大匙
　鮮奶油……4大匙
　鹽、胡椒……少許
西洋菜……適量

作法

1. 雞胸肉將厚度切成一半，撒上鹽、胡椒。沾裹橄欖油、大蒜、迷迭香，放置30分鐘左右備用。
2. 將雞肉排列在平底鍋中，以中火加熱，煎成金黃色之後轉成小火，蓋上鍋蓋煎3分鐘左右。將雞肉翻面，放入1的大蒜、迷迭香，蓋上鍋蓋再煎4分鐘左右，然後取出。
3. 將奶油放在2的平底鍋中融化，以中火炒蘑菇。加入白酒煮滾之後，加入鮮奶油、鹽、胡椒再次煮滾，製作奶油醬汁。
4. 將雞肉和西洋菜盛盤，淋上3的醬汁。

用清爽的酸味消除疲勞。炸衣薄一點是製作重點

雞肉南蠻漬

材料（4人份）

- 雞胸肉……2片
- 鹽……1/2小匙
- 胡椒……少許
- 胡蘿蔔……30g
- 洋蔥……30g
- 生薑……1/2瓣
- A
  - 日式高湯……3/4杯
  - 砂糖……1小匙
  - 醬油……1大匙
  - 鹽……1/3小匙
- 醋……1又1/2大匙
- 芝麻油……1小匙
- 紅辣椒（小圓片）……1根份
- 片栗粉……1大匙
- 炸油……適量

作法

1. 雞胸肉以斜刀片成肉片，撒上鹽、胡椒。胡蘿蔔、洋蔥、生薑切成細絲。
2. 將A放入耐熱器皿中混合，不覆蓋保鮮膜，以微波爐（600W）加熱1分鐘溶勻。加入醋、芝麻油、生薑、紅辣椒，混合備用。
3. 將雞肉沾裹薄薄一層片栗粉，以預熱至170度的炸油乾炸3分鐘左右。將剛炸好的雞肉放入2裡，加入胡蘿蔔、洋蔥，醃漬10分鐘左右。

鬆軟酥脆！變涼了也很好吃，所以也可以帶便當

炸雞塊

材料（2人份）

- 雞胸肉……1片
- 洋蔥……20g
- 鹽……1/6小匙
- 胡椒、肉豆蔻……各少許
- 打散的蛋液……1/2個份
- 帕馬森乳酪……1小匙
- 麵粉……2小匙
- 炸油……適量
- 番茄醬……2小匙
- 芥末醬……少許

作法

1. 雞胸肉細細切碎，然後以菜刀敲剁出黏性。洋蔥切成碎末。
2. 將雞肉、鹽、胡椒、肉豆蔻、打散的蛋液放入缽盆中，攪拌至產生黏性之後，加入洋蔥、帕馬森乳酪，繼續混合攪拌。
3. 分成6等分，調整成橢圓形，在表面沾裹薄薄一層麵粉，以預熱至160度的炸油乾炸成金黃色。
4. 盛盤後附上番茄醬、芥末醬。

豆苗含有蛋白質、維生素C等，營養豐富

異國風味
雞肉炒豆苗

材料（2人份）

- 雞胸肉……1片
- 鹽、胡椒……各少許
- 豆苗……1盒
- 芝麻油……1大匙
- 紅辣椒……1/2根
- 魚露……2小匙

作法

1. 雞胸肉以斜刀片成肉片，撒上鹽、胡椒。豆苗切除根部之後，將長度切成一半。
2. 將芝麻油放入平底鍋中，再將雞肉排列放入鍋中。以中火加熱，將兩面煎成金黃色。加入紅辣椒、豆苗，轉成大火，然後加入魚露拌炒。

蛋白質 22.1g
醣類 3.1g
熱量 163kcal

添加大量的蔬菜，也推薦給擔心血糖值的人食用

蒸雞肉佐蔬菜醬汁

材料（4人份）

- 雞胸肉……2片
- 鹽、胡椒……各少許
- 胡蘿蔔……1/4根
- 豌豆莢……10枚
- 長蔥……1根

A
- 水……1又1/2杯
- 酒……1大匙

B
- 醬油……1/2大匙
- 鹽……少許
- 生薑泥……1大匙

作法

1. 雞胸肉撒上鹽、胡椒，放置5分鐘備用。
2. 胡蘿蔔和豌豆莢切成細絲，長蔥縱切成一半之後，再斜切成薄片。
3. 將A放入較小的鍋子中開火加熱，煮滾之後放入1，以小火煮5分鐘左右，蓋上鍋蓋之後關火，燜10分鐘左右。
4. 取出3的雞肉，切成容易入口的大小之後盛盤。將2和B加入剩餘的3的煮汁中，以中火煮1～2分鐘之後淋在雞肉上面。

以香醇的濃郁醬汁做成一道豪華的料理

俄式酸奶雞肉

材料（2人份）

雞胸肉	1片	大蒜（薄片）	2片
鹽	1/6小匙	番茄泥	1又1/2大匙
胡椒	少許	月桂葉	1片
洋蔥	40g	鮮奶油	1/4杯
蘑菇	6個	鹽	1/5小匙
鴻喜菇	1/2盒	胡椒	少許
奶油	1大匙	檸檬汁	1/2大匙

作法

1 雞肉切成較粗的棒狀，撒上鹽、胡椒。洋蔥切成方塊，蘑菇切成1/4或是一半，鴻喜菇分成小株。

2 將奶油放入平底鍋中加熱融化，炒洋蔥、大蒜，加入雞肉，一邊撥散一邊炒。

3 加入番茄泥，以大火炒，加入水1/2杯、蘑菇、鴻喜菇、月桂葉之後蓋上鍋蓋。煮滾之後，以小火煮10分鐘左右。

4 加入鮮奶油、鹽、胡椒煮滾，完成時加入檸檬汁。

不要煮得過熟是美味的訣竅

治部煮

材料（4人份）

雞胸肉	小2片	小松菜	1/2把
乾香菇	4片	日式高湯	4杯
鹽	少許	A 醬油、味醂	各1大匙
酒	1大匙	A 鹽	1/5小匙
片栗粉	適量		
胡蘿蔔	大1根		

作法

1 乾香菇泡水2～3小時還原，切除菇柄。雞胸肉以斜刀片成一口大小，並以鹽和酒預先調味，然後沾裹片栗粉。

2 胡蘿蔔切成厚7～8mm的半月形。

3 小松菜放入煮滾的熱水中燙煮，泡過冷水之後擠乾水分，切成長3～4cm。

4 將日式高湯和2放入鍋中，開火加熱，煮滾之後轉成中火煮10分鐘左右，一邊撈除浮沫一邊煮。

5 將1放入4之中，煮到雞肉變色之後轉成小火，加入A，再煮5分鐘左右。盛盤之後將3散置在上面。

維生素豐富的蔬菜帶來繽紛色彩，增加分量

中式核桃
青花菜炒雞肉

材料（2人份）

雞胸肉	1片	芝麻油	2小匙
醬油	1小匙	A 蠔油	1小匙
胡椒	少許	A 醬油	1小匙
片栗粉	1小匙	A 酒	1小匙
青花菜	100g	核桃（無鹽、烘烤過）	40g
甜椒（紅）	1/8個	※太大的話切成一半	
長蔥	4cm		

作法

1. 雞胸肉以斜刀片成肉片，放入缽盆中，加入醬油、胡椒、片栗粉混拌。青花菜分成小朵之後，排列在耐熱器皿中。鬆鬆地覆蓋保鮮膜，以微波爐（600W）加熱1分30秒。甜椒去除蒂頭和籽之後切成細絲，長蔥斜切成片。
2. 將芝麻油放入平底鍋中，再將雞肉擺放入鍋。以中火煎兩面，煎熟。加入長蔥、甜椒一起炒，加入A沾裹全部的食材。加入青花菜、核桃之後繼續拌炒。

蛋白質 34.5g　醣類 4.5g　熱量 382kcal

享受綜合堅果的口感，肚子也很飽足

香辣堅果炒雞肉

材料（2人份）

雞胸肉	1片	沙拉油	1大匙
鹽、胡椒	各少許	生薑（碎末）	少許
片栗粉	1小匙	醋	1小匙
長蔥	4cm	醬油	2小匙
竹筍（水煮）	80g	山椒粉	少許
青椒	1個	綜合堅果（無鹽烘烤）	30g
紅辣椒	1/2根		

作法

1. 雞胸肉切成1.5～2cm的小塊，撒上鹽、胡椒、片栗粉混拌。長蔥縱切成一半，再切成3等分。竹筍切成與雞肉大致相同的大小，青椒切成1cm的小塊。紅辣椒切成小圓片。
2. 將沙拉油放入平底鍋中加熱，放入雞肉熱炒。炒上色之後蓋上鍋蓋，以小火燜煎3～4分鐘。
3. 加入長蔥、竹筍、青椒、生薑、紅辣椒一起炒，再加入醋、醬油、山椒粉拌炒。完成時加入綜合堅果混拌。

附上清爽的香味蔬菜，好好享用一番

半敲燒風味沙拉

材料（2人份）

雞胸肉……1片
鹽……1/5小匙
胡椒……少許
橄欖油……1小匙
大蒜（薄片）……2片
洋蔥……1/4個
茗荷……1個
水菜……40g

A
- 柚子胡椒……1/5小匙
- 醬油……2小匙
- 醋……2小匙
- 橄欖油……2小匙

青紫蘇葉……4片

作法

1 雞胸肉撒上鹽、胡椒，將橄欖油放入平底鍋中，以中火煎雞肉。煎成金黃色之後上下翻面，再煎到變成金黃色。加入大蒜後蓋上鍋蓋，以小火煎8～10分鐘。

2 洋蔥切成薄片之後泡一下冷水，然後瀝乾水分。茗荷切絲，水菜切成3cm長。

3 將A混合，製作成醬汁。將放涼之後的雞肉切成薄片，與2和青紫蘇葉一起擺盤，附上醬汁。

蛋白質 38.8g　醣類 3.5g　熱量 478kcal

將櫛瓜做成麵條的樣子，有助於減少醣類的攝取量

義式雞肉蛋櫛瓜麵

材料（2人份）

雞胸肉……1片
鹽……1/5小匙
胡椒……少許
麵粉……1小匙
櫛瓜……1條
大蒜……1/4瓣

A
- 蛋……1個
- 蛋黃……1個份
- 鮮奶油……3大匙
- 帕馬森乳酪……2大匙
- 鹽、胡椒……各少許

橄欖油……1大匙
粗磨黑胡椒……少許

作法

1 雞胸肉切成細絲之後放入缽盆中，加入鹽、胡椒、麵粉混拌。櫛瓜縱切成薄片，再切成1cm寬，大蒜切成薄片。將A混合備用。

2 將橄欖油放入平底鍋中，再放入雞肉、大蒜，以中火一邊撥散雞肉一邊炒，將雞肉炒熟。再加入櫛瓜繼續炒。關火之後加入A混拌。盛盤，撒上粗磨黑胡椒。

以濃縮了鮮味的蠔油製作的速成料理

快炒萵苣雞肉

材料（2人份）

雞胸肉……1片
鹽、胡椒……各少許
萵苣……4片
芝麻油……1大匙
大蒜（薄片）……2片
醬油、蠔油……各1小匙
胡椒……少許

作法

1 雞胸肉以斜刀片成肉片，撒上鹽、胡椒。萵苣撕成較大的片狀。
2 將芝麻油放入平底鍋中，再將雞肉排列在鍋中，以中火煎兩面。加入大蒜、萵苣之後，轉成大火快炒，加入醬油、蠔油、胡椒拌炒。

蛋白質 30.6g
醣類 1.7g
熱量 269kcal

蛋白質 20.5g
醣類 6.3g
熱量 132kcal

滿滿膳食纖維豐富的鴻喜菇，健康的一道料理

番茄煮雞胸肉

材料（2人份）

雞胸肉……160g
洋蔥……1/4個
鴻喜菇……1/2盒
胡蘿蔔……1/4根
青椒……1個
鹽、胡椒……各少許

A
水煮番茄罐頭（瀝除汁液）……1/2罐
紅酒……1大匙
蠔油……1小匙
濃口醬油……1/2小匙
月桂葉……1片

作法

1 洋蔥切成薄片，鴻喜菇切除根部之後分成小株。胡蘿蔔切成長方形薄片，青椒去除蒂頭和籽之後切成一口大小。
2 雞胸肉切成2塊，在兩面撒上鹽、胡椒，用較深的鐵氟龍平底鍋將表面煎上色。
3 將1加入2之中一起炒，加入A之後燉煮大約10～15分鐘。

鹽麴使肉質柔嫩，用黏黏的食材提升活力吧！

秋葵泥鹽麴雞肉

材料（2人份）

雞胸肉……1片
鹽麴……1小匙
秋葵……1袋
橄欖油……1小匙
醋……1小匙
醬油……2小匙
山葵泥……少許

作法

1. 雞胸肉以斜刀片成肉片，以鹽麴抓拌，放置30分鐘備用。
2. 秋葵去除花萼之後用鹽（分量外）輕輕搓磨表面，然後迅速燙煮一下。細細剁碎，使秋葵產生黏性。
3. 將橄欖油放入平底鍋中，再將雞肉排列在鍋中。以中火將兩面煎成漂亮的金黃色，煎熟。
4. 將3盛盤，以2覆蓋，將醋、醬油混合之後淋上去。附上山葵泥。

以生火腿的鹹味代替調味料

義式生火腿雞肉卷

材料（2人份）

雞胸肉……1片
鹽……1/6小匙
胡椒……少許
生火腿……4片
麵粉……1小匙
櫛瓜……小1/3條
橄欖油……1又1/2小匙
奶油……1大匙
檸檬汁……2小匙

作法

1. 雞胸肉切成4等分的薄片，撒上鹽、胡椒。用雞肉將火腿當成夾心餡料捲起來，全體沾裹薄薄一層麵粉，也可以放上鼠尾草的葉子。櫛瓜切成圓形薄片。
2. 將橄欖油1/2小匙放入平底鍋中加熱，將櫛瓜的兩面都漂亮地煎上色之後取出。迅速擦拭平底鍋，放入橄欖油1小匙，再放入雞肉卷。以中火將兩面煎成漂亮的金黃色，煎熟之後取出。
3. 將奶油、檸檬汁放入2的平底鍋中溶勻，製成醬汁。將雞肉卷和櫛瓜盛盤，淋上醬汁。

橄欖油和大蒜的酵素讓肉質柔嫩濕潤

橄欖油大蒜蘆筍雞肉

材料（2人份）

雞胸肉	1片	大蒜	小1瓣
鹽	1/4小匙	橄欖油	4大匙
胡椒	少許	鯷魚（菲力）	1片
綠蘆筍	1把	紅辣椒	1/2根

作法

1 雞胸肉切成較大的方塊，撒上鹽、胡椒。綠蘆筍切除根部老硬的部分，削除葉鞘之後，切成2～3cm長。大蒜切成碎末。

2 將橄欖油、鯷魚、雞肉、大蒜、紅辣椒放入較小的平底鍋中。蓋上鍋蓋，以小火加熱，煮10分鐘左右。加入蘆筍，再煮3分鐘左右。

蛋白質 32.4g　醣類 2.3g　熱量 403kcal

蛋白質 21.0g　醣類 55.8g　熱量 350kcal

雞里肌肉

以蔬菜和雞里肌肉增加分量，減少熱量

雞柳拿坡里義大利麵

材料（2人份）

雞里肌肉	2條	義大利麵	120g
洋蔥	1/2個	番茄醬	4大匙
青椒	1個	乳酪粉	1小匙
酒	3大匙		

作法

1 洋蔥切成薄片，青椒切絲。

2 雞里肌肉放在耐熱器皿中，撒上酒後覆蓋保鮮膜，以微波爐（600W）加熱1分鐘，然後大略剝散。

3 義大利麵放入加了適量鹽的大量滾水中，比包裝袋上標示的時間再多煮2分鐘左右。

4 以鐵氟龍平底鍋炒1，加入瀝除熱水的3和番茄醬一起炒。完成時加入2，將全體混拌一下。

5 盛盤，撒上乳酪粉，也可以依個人喜好灑上塔巴斯科辣椒醬。

只利用素材的味道就很好吃的減鹽料理

燜烤煙燻鮭魚雞柳卷

材料（2人份）

雞里肌肉……4條
青紫蘇葉……4片
煙燻鮭魚……4片
A「酒……2小匙
A└水……2大匙

作法

1 雞里肌肉去除硬筋，以蝴蝶刀法片開，再切成均一的厚度。
2 依照順序將青紫蘇葉、煙燻鮭魚放在1的上面，然後從邊緣開始一圈圈地捲起來。
3 鐵氟龍平底鍋燒熱之後，將2的雞肉卷開口的部分朝下放入鍋中，以滾動的方式煎烤表面。烤上色之後加入A，蓋上鍋蓋，燜烤5分鐘左右。
4 斜切成2塊之後盛盤，也可以附上波士頓萵苣。

免油炸的炸雞肉。加入乳酪也能提高蛋白質含量

乳酪夾心炸雞柳

材料（2人份）

雞里肌肉……4條
A「麵包粉……3大匙
A└橄欖油……1小匙
乳酪片（不會融化的類型）……1片
青紫蘇葉……4片
鹽、胡椒……各少許
芥末醬……2小匙
檸檬……適量
皺葉萵苣……1片

作法

1 將A混合，以平底鍋炒到變成漂亮的金黃色。乳酪片切成4等分。
2 雞里肌肉的厚度切入刀痕之後攤開來，夾入青紫蘇葉和1的乳酪片。撒上鹽、胡椒，將全體塗上薄薄一層芥末醬。
3 沾裹1的麵包粉，以小烤箱烘烤10～15分鐘直到烤熟。最後附上切成薄薄瓣形的檸檬、撕成一半的皺葉萵苣。

擔心鹽分的人可以只用檸檬做成清爽的口味

免油炸香雞排

材料（2人份）

A
- 雞絞肉……160g
- 打散的蛋液……1/2個份
- 洋蔥（碎末）……30g
- 麵包粉……2大匙
- 鹽、胡椒、肉豆蔻粉……各少許

- 麵包粉……4大匙
- 高麗菜（切絲）……40g
- 蘿蔔嬰……20g
- 檸檬（切片）……2片
- 中濃醬汁……2小匙

作法

1. 將A放入缽盆中，充分攪拌至產生黏性為止。分成2等分，分別以保鮮膜包住，成形調整成橢圓形。
2. 將1排列在耐熱容器中，以微波爐（600W）加熱1分30秒，翻面之後再度加熱1分30秒。
3. 將麵包粉放入平底鍋中乾炒成金黃色之後，在淺盤中鋪開。
4. 將2掀開保鮮膜，放入3的裡面，裹滿麵包粉。
5. 將4盛盤，附上高麗菜絲和蘿蔔嬰混合而成的蔬菜以及檸檬片，最後淋上中濃醬汁。

蛋白質 18.6g　醣類 15.7g　熱量 443kcal

雞翅腿

香辣的優格醬汁令人胃口大開

坦都里炸雞翅腿

材料（2人份）

- 雞翅腿……小6支
- 鹽……1/3小匙
- 胡椒……少許

A
- 蒜泥、生薑泥……1/4瓣份
- 咖哩粉……1/2小匙
- 原味優格……3大匙
- 番茄醬……1/2大匙
- 小茴香（無亦可）……少許

- 炸油……適量
- 低筋麵粉……少許
- 皺葉萵苣……少許
- 檸檬（瓣形切片）……1/8個份

作法

1. 雞翅腿撒上鹽、胡椒。將A放入塑膠袋中混合，然後放入雞翅腿，綁住袋口以便排出空氣，在室溫中放置3小時左右（或在冷藏室中放置一個晚上），使雞翅腿入味。
2. 將炸油倒入平底鍋中直到2cm深，將1沾裹薄薄一層低筋麵粉之後放入鍋中，以中火加熱。讓油溫慢慢上升，炸10分鐘直到雞翅腿變成金黃色。
3. 與皺葉萵苣一起盛盤，旁邊附上檸檬。

PART

豬肉

豬里肌肉／豬腿肉／豬五花肉
特定部位豬邊角肉／豬腰內肉
豬肋排／豬絞肉

不知為何總覺得全身倦怠、沒有精神、情緒低落的時候，好好地吃些豬肉吧！豬肉含有豐富的維生素B，有助於消除疲勞。調理的時候，請注意一定要加熱到內部熟透為止。

洋蔥可以促進吸收豬肉的維生素B1

薑燒豬肉

材料（2人份）

豬里肌肉薄片…………200g
A「生薑（榨汁）…1/2小匙
　└鹽、胡椒…………各少許
洋蔥…………………………50g
高麗菜……………………2片
沙拉油……………………2小匙
生薑泥……………1/2瓣份
B「醬油…………………1大匙
　└味醂…………………2小匙

作法

1 豬里肌肉薄片與A一起抓拌。洋蔥橫切成7㎜厚，高麗菜切絲。
2 將沙拉油放入平底鍋中加熱，然後將豬肉攤開放入鍋中，煎過兩面之後先取出。
3 以2的平底鍋炒洋蔥，將豬肉放回鍋中，加入生薑，迅速炒一下。加入B，繼續拌炒。
4 將3、高麗菜一起盛盤。

沾取使用膳食纖維豐富的蕪菁製作的香味醬汁享用

煎豬里肌肉

材料（2人份）

豬里肌肉…………………2片
鹽……………………………少許
低筋麵粉…………………少許
蕪菁…………………………2個
A「醬油、醋……各1/2小匙
　└辣椒粉、胡椒……各適量
沙拉油…………………1小匙
綜合沙拉蔬菜…………適量

作法

1 豬里肌肉撒上鹽，全體沾裹薄薄一層麵粉之後，拍除多餘的麵粉。
2 蕪菁去皮之後磨碎成泥，稍微瀝乾水分。依照順序加入A混拌，製作香味蕪菁泥醬汁。
3 將沙拉油和1放入平底鍋中，開火加熱將兩面煎熟，呈現看起來很美味的焦色為止。
4 將3切成容易入口的大小，盛盤，附上綜合沙拉蔬菜，然後將2放入小碟中附在一旁。

醋&辣椒，酸辣分明的滋味引人食指大動

豬肉南蠻漬

蛋白質 25.1g
醣類 19.0g
熱量 458kcal

材料（2人份）

豬里肌肉（薑燒用）……6片
長蔥……1/2根
紅甜椒……大1/2個
A
- 醋……1/2杯
- 砂糖……1大匙
- 鹽……1/2小匙
- 紅辣椒（小圓片）……1根份

麵粉、炸油……各適量

作法

1 長蔥斜切成薄片，紅甜椒切成容易入口的大小，加進以A混合而成的南蠻醋中。

2 豬里肌肉在瘦肉和肥肉之間縱向切入數道短短的切痕，切斷硬筋。

3 將2沾裹薄薄一層麵粉，放入預熱至180度的炸油中，乾炸至淺淺地上色。充分瀝乾油分之後，趁熱浸漬在1的南蠻醋中，使肉片入味。

以大致與肉同量的青菜，做出營養均衡的一道料理

蠔油煮豬肉

材料（2人份）

豬肩里肌肉塊	250g	B 片栗粉、水	各2小匙
小松菜	200g	芝麻油	1小匙
沙拉油	1小匙		
大蒜	1瓣		
A 蠔油	1大匙		
A 醬油	2～3小匙		

作法

1. 豬肩里肌肉塊切成大約3cm的方塊。小松菜切除根部之後切成5～6cm長。
2. 將沙拉油放入鍋中加熱，將豬肉的表面煎過之後，加入水3.5杯。煮滾之後撈除浮沫，將火勢轉小一點，加入大蒜煮25分鐘左右。
3. 加入小松菜之後以A調味，煮2～3分鐘。以B溶勻的片栗粉水勾芡，最後以芝麻油增添香氣。

蛋白質 21.2g　醣類 5.1g　熱量 432kcal

椰子含有豐富的瘦身好夥伴・酮體

椰汁豬肉花椰菜

材料（2人份）

豬肩里肌肉薄片	200g	A 雞清湯顆粒	1小匙
花椰菜	100g	A 水	1/2杯
鴻喜菇	50g	A 椰漿	1杯
大蒜（碎末）	1/2瓣份	A 醬油	1/2大匙

作法

1. 花椰菜分成小朵，鴻喜菇分成小株。
2. 將椰子油（分量外）和大蒜放入鍋中，炒到散發出香氣之後，加入1一起炒。
3. 將A加入2之中，煮滾之後，加入切成容易入口大小的豬肩里肌肉薄片，煮5分鐘。

口感清脆的蔬菜讓味道變清爽

芝麻拌
芝麻菜豬火鍋肉片

材料（2人份）

豬里肌肉（涮涮鍋用）…………200g
芝麻菜（其他如水菜等亦可）30g
蘿蔔嬰……………………………1盒
白芝麻粉………1又1/2大匙
芝麻油……………………1小匙
醬油……………1/2～1大匙

作法

1 鍋中放入稍微多一點的熱水煮滾，加入少許鹽（分量外），然後將豬里肌肉一片片攤開放入鍋中。煮熟後放在網篩上瀝乾水分，如果太大塊就切成一口大小。
2 芝麻菜切成一口大小。蘿蔔嬰切除根部後切成一半。
3 將1和2混合之後撒上白芝麻粉，再加入芝麻油調拌，最後以醬油調整味道。

以營養豐富的綠豆芽增加分量

香辣豆芽拌豬肉

材料（4人份）

豬里肌肉（涮涮鍋用）
……………………………400g
A ┌ 酒……………………………1大匙
  └ 鹽、胡椒…………各少許
芝麻油……………………1大匙
綠豆芽（摘除鬚根）…2袋
B ┌ 醬油……………………2大匙
  │ 芝麻油…………………1大匙
  │ 中式高湯顆粒、豆瓣醬
  └ ……………………各2小匙
醋…………………………2大匙

作法

1 豬里肌肉加了A之後輕輕抓拌。
2 將芝麻油放入平底鍋中，以中火加熱，將1放進去炒。炒到豬肉變色之後加入綠豆芽一起炒。取出之後裝入保存容器中。
3 將B放入已經變空的平底鍋中，以中火加熱。在煮滾之前關火，加入醋，然後倒入2的裡面。

藉由活力食材的搭配，迅速恢復精神

煎山藥豬肉卷

材料（2人份）

豬腿肉薄片	200g	醬油	1小匙
山藥	150g	鹽、胡椒	各少許
青花菜	80g	橄欖油	1又1/2小匙
日式醃梅	1個		

作法

1 山藥切成4cm長的細長條。青花菜分成小朵。醃梅去籽之後以菜刀剁碎，然後與醬油混合。
2 豬腿肉薄片一片片攤開，撒上鹽、胡椒。塗上1的梅肉，分量均等地放上山藥之後捲起來。
3 將橄欖油放入平底鍋中，以中火加熱，將2的肉卷結束的地方朝下，排列在鍋中。偶爾滾動一下，將全體煎上色。
4 在鍋面空著的地方放入青花菜，蓋上鍋蓋之後以小火燜煎3分鐘左右，將食材煎熟。

使用減鹽、無糖的高湯醬油做出健康的料理

涼拌香嫩豬肉

蛋白質 14.7g

材料（2人份）

豬腿肉薄片	100g	鱈寶	1/2片
綠豆芽	1/2袋	炒白芝麻	適量
A 柚子胡椒	1/2小匙	海苔絲	適量
A 高湯醬油（減鹽、無糖的商品）	1小匙	珠蔥（蔥花）	3根份
A 水	2大匙		

作法

1 綠豆芽切成大段，放入耐熱容器中。覆蓋保鮮膜，以微波爐（600W）加熱2分鐘。
2 將豬腿肉薄片切成一口的大小，以沸騰的滾水燙30秒，然後放在網篩上瀝乾水分。
3 以混合均勻的A調拌1、2和用手撕碎的鱈寶，拌好後盛盤。撒上炒白芝麻、海苔絲、珠蔥。

以乳酪補充鈣質，以海帶芽補充鎂

海帶芽乳酪豬肉卷

材料（2人份）

豬腿肉薄片（涮涮鍋用）……8片
海帶芽（鹽漬）……60g
加工乳酪……20g
A 低筋麵粉、水……各1大匙
麵包粉……3大匙
橄欖油……2小匙
小番茄……4個
波士頓萵苣……6片

作法

1 海帶芽用水洗淨之後瀝乾水分，切得較長一點。加工乳酪切成4等分。
2 豬腿肉薄片縱向擺放2片，前方擺放1/4量的海帶芽和加工乳酪，然後一圈圈地捲起來。將這個做出4條。將混合均勻的A塗在表面，然後沾裹麵包粉。
3 將橄欖油放入平底鍋中加熱，一邊滾動2一邊以稍小的中火均勻地煎上色。
4 每條豬肉卷切成3等分之後盛盤，附上小番茄和波士頓萵苣。

簡單地享用食材的味道

葡萄柚醋淋豬火鍋肉片

材料（2人份）

豬腿肉薄片（涮涮鍋用）……130g
葡萄柚……1/2個
A 醬油、味醂……各2小匙
A 醋、酒……各1小匙
A 鹽……少許
蘿蔔……3cm
茼蒿……2/3把

作法

1 葡萄柚的其中一半榨出果汁，另一半剝成小瓣，剝除薄皮之後，將果肉切得稍微小一點。
2 將A放入耐熱容器中混合，不覆蓋保鮮膜，以微波爐（600W）加熱20秒。混入1的葡萄柚榨汁，製作葡萄柚醋，然後放在冷藏室中冷卻。
3 蘿蔔以刨片器等器具刨切成非常薄的半月形，茼蒿摘下菜葉。
4 將3的蘿蔔迅速過一下滾水之後瀝乾水分，以相同的滾水燙煮豬腿肉薄片，瀝乾水分之後放涼。
5 將1的果肉、3的茼蒿葉和4盛盤，然後淋上2。

番茄的抗氧化成分與少量的油脂一起攝取可提升吸收率

番茄豬肉卷

材料（2人份）

豬腿肉薄片（瘦肉）……160g
番茄……小2個
鹽……1/5小匙
胡椒……少許
低筋麵粉……少許
橄欖油……1小匙
芥末醬……少許
醬油……1又1/2小匙

作法

1. 每個番茄切成3等分的圓形切片。豬腿肉薄片撒上鹽、胡椒，包住番茄之後，全體沾裹薄薄一層麵粉。
2. 將橄欖油放入平底鍋中加熱，從中火到小火煎1的兩面，煎至熟透。盛盤後，附上芥末醬、醬油。

蛋白質 19.1g　醣類 19.0g　熱量 263kcal

蛋白質 17.1g　醣類 3.2g　熱量 136kcal

免用油的健康料理。口感也很有嚼勁！

蔥絲芥末拌涮肉片

材料（2人份）

豬腿肉薄片（涮涮鍋用）……150g
長蔥……1/2根
水菜……2棵
A 醬油……1大匙
A 醋……2小匙
A 芥末醬……1小匙
白芝麻粉……1小匙

作法

1. 長蔥切成4cm長的蔥絲，水菜切成3～4cm長。將A放入缽盆中混合。
2. 將大量的熱水加熱至80度左右，然後將豬腿肉薄片攤開，放入熱水中。迅速燙煮之後瀝乾水分，趁熱放入1的缽盆中，加入長蔥調拌。完成時加入水菜，迅速調拌，盛盤後撒上白芝麻粉。

使用低脂牛奶製作，美味且降低熱量

俄式酸奶蜂斗菜豬肉

材料（2人份）

- 豬腿肉薄片……150g
- 洋蔥……2/3個
- 蜂斗菜……3根
- 大蒜……1/2瓣
- 橄欖油……1/2大匙
- 低筋麵粉……1大匙
- A ⎡月桂葉……1/2片
- A 百里香……少許
- A ⎣熱水……1/2杯
- 牛奶……1/2杯
- 鹽……1/4小匙
- 胡椒……少許
- 檸檬汁……2小匙
- 荷蘭芹……少許

作法

1. 豬腿肉薄片切成1cm寬。洋蔥切成5mm寬的細絲。蜂斗菜切成可放入鍋中的長度，以煮滾的熱水燙煮，然後泡在冷水中，去皮，瀝乾水分之後，切成4cm長。大蒜切成碎末。
2. 將橄欖油和大蒜放入平底鍋中，以中火加熱，待散發出香氣之後放入豬肉。豬肉炒熟之後加入洋蔥、蜂斗菜一起炒，炒到洋蔥變軟時撒入低筋麵粉拌炒，然後加入A。一邊混拌一邊煮滾4～5分鐘，煮到變濃稠之後加入牛奶。
3. 以鹽、胡椒調整味道之後關火，加入檸檬汁。盛盤，撒上切成碎末的荷蘭芹。

即使減少醬油的用量還是能做出令人驚嘆的美味！

咖哩炒茄子豬肉

蛋白質	醣類	熱量
16.7g	4.5g	434kcal

材料（2人份）

豬五花肉薄片⋯⋯200g
茄子⋯⋯3個
獅子椒⋯⋯8根
咖哩粉⋯⋯1小匙
醬油⋯⋯1大匙

作法

1 豬五花肉薄片切成5～6㎝。茄子的外皮削成條紋狀之後，切成3㎝厚的圓形切片。獅子椒縱向切入1道短短的切痕。
2 將平底鍋燒熱之後慢慢地炒豬肉，然後加入茄子，撒上咖哩粉。待豬肉的熟度炒得恰到好處時，加入獅子椒，然後加入醬油，迅速拌炒。

口感清脆的西洋芹讓五花肉變清爽

西洋芹豬肉卷

材料（2人份）

豬五花肉薄片…………200g
西洋芹 ………………………2根
鹽、粗磨黑胡椒…… 各少許

作法

1 西洋芹撕去老筋，切成14～15cm長，上面較細的部分縱切成一半，下面較粗的部分縱切成3等分。先摘下葉子保留，作為點綴之用。
2 以豬五花肉薄片將西洋芹捲起來，將肉卷結束的部分朝下，排列在已經熱好的平底鍋中，撒上鹽、粗磨黑胡椒。全體煎成漂亮的金黃色之後盛盤，附上西洋芹的葉子。

預防感冒和改善手腳冰冷的推薦料理

烤長蔥豬肉卷

材料（2人份）

豬五花肉薄片…………200g
長蔥 …………………………2本
蘿蔔 ………………………200g
醬油、七味辣椒粉
…………………………… 各適量

作法

1 長蔥將長度切成2～3等分，以豬五花肉薄片呈螺旋狀捲起來。
2 蘿蔔磨成泥，稍微瀝掉水分。
3 烤魚烤箱加熱，將1排列在上面，全體烤上色。切成容易入口的長度之後盛盤，放上蘿蔔泥，淋上醬油，然後撒上七味辣椒粉。

只以白酒和番茄的水分燉煮

番茄燉花椰菜豬肉

蛋白質	醣類	熱量
17.9g	9.9g	487kcal

材料（2人份）

- 豬五花肉塊……200g
- 鹽、胡椒……各少許
- 花椰菜……150g
- 大蒜……1瓣
- 沙拉油……1/2大匙
- A 月桂葉……1片
- A 百里香……少許
- A 白酒……2大匙
- 水煮番茄罐頭……400g
- B 砂糖……1小匙
- B 鹽、胡椒……各少許

作法

1. 豬五花肉塊切成1～1.5㎝厚，撒上鹽、胡椒。花椰菜分成小朵，大蒜切成薄片。
2. 將沙拉油放入鍋中加熱，將豬肉的兩面煎成漂亮的金黃色，然後以廚房紙巾擦掉融出的油脂。
3. 加入大蒜、A、水煮番茄罐頭，將番茄搗碎，煮7～8分鐘。加入花椰菜、B，偶爾攪拌一下，煮到花椰菜變軟之後繼續煮4～5分鐘。

以維生素、礦物質豐富的韭菜提升營養價值

香煮豬肉片

蛋白質	醣類	熱量
16.0g	8.4g	488kcal

材料（2人份）

豬五花肉薄片……200g
韭菜……1/4把
長蔥……1/2把
A 大蒜……1瓣
A 生薑……1塊
B 芝麻油、醬油、味醂……各1大匙
B 酒……1/4杯

作法

1 豬五花肉薄片將長度切成一半，韭菜切碎。長蔥切成粗末，大蒜和生薑切成碎末。
2 將豬肉片攤開放入平底鍋中，撒上長蔥、A。加入熱水1/2杯和B，蓋上鍋蓋，開火加熱。開始沸騰之後將火勢稍微轉小，煮15～16分鐘，撒上韭菜之後稍微混拌一下。

即使是調味料減量的健康料理，還是很入味

榨菜炒豬肉

蛋白質	醣類	熱量
20.3g	1.8g	338kcal

材料（2人份）

特定部位豬邊角肉……200g
榨菜（調味）……50g
酒、芝麻油……各1大匙
獅子椒……50g

作法

1 豬邊角肉加上榨菜、酒、芝麻油混拌在一起。獅子椒為了防止裂開，用竹籤戳洞。
2 將平底鍋燒熱之後放入豬肉，一邊撥散一邊炒。炒到豬肉變色之後加入獅子椒拌炒。

將豬肉裹滿麵粉是美味的關鍵

鹹甜炒豬肉

材料（2人份）

特定部位豬邊角肉……200g
A「鹽、胡椒…………各少許
　└蒜泥……………………1小匙
洋蔥……………………………1個
B「醬油……………………1大匙
　 酒…………………………2大匙
　└味醂……………1/2大匙
沙拉油、麵粉………各1大匙

作法

1. 豬邊角肉與A混拌，預先調味。洋蔥切成1cm厚的圓片。B混合備用。
2. 將沙拉油放入平底鍋中加熱，炒洋蔥，然後取出。
3. 豬肉沾裹薄薄一層麵粉，以2的平底鍋一邊撥散一邊炒。加入1的綜合調味料，使味道沾裹均勻，然後與洋蔥一起盛盤。

還加入了植物性蛋白質和維生素C都很豐富的豆芽菜

韭菜炒豬肉

材料（2人份）

特定部位豬邊角肉……200g
A「咖哩粉……………1/2小匙
　 酒、蠔油…………各1大匙
　 蒜泥………………1/2小匙
　└芝麻油……………1小匙
綠豆芽……………………1/2袋
韭菜……………………………1把
芝麻油……………………1大匙
鹽……………………………少許

作法

1. 豬邊角肉與A混拌，預先調味。綠豆芽摘除鬚根，韭菜切成4cm長。
2. 將芝麻油放入平底鍋中加熱，炒豬肉。炒到豬肉變色之後，再加入綠豆芽、韭菜迅速拌炒，最後以鹽調整味道。

藉由辣椒提升免疫力&活力的菜單

烤生香菇腰內肉南蠻漬

材料（2人份）

豬腰內肉……150g
生香菇……8個
A
- 紅辣椒（小圓片）……少許
- 醋……1/4杯
- 醬油……1大匙
- 砂糖……1小匙

作法

1. 生香菇切除菇柄。豬腰內肉切成7～8mm厚。以烤魚烤箱烘烤香菇5～6分鐘，豬肉7～8分鐘，烤成漂亮的金黃色。
2. 將A放入淺盤中攪拌均勻，再將1趁熱浸泡在裡面5～6分鐘。

蛋白質 18.8g | 醣類 3.8g | 熱量 126kcal

蛋白質 19.5g | 醣類 2.3g | 熱量 133kcal

因為是脂肪少的部位，所以即使正在減重也很安心

滷豬腰內肉

材料（6人份）

豬腰內肉（肉塊）……500g
鹽、胡椒……各少許
芝麻油……2小匙
A
- 蠔油……2大匙
- 醬油……2大匙
- 酒……3大匙
- 水……1杯
- 生薑（細絲）……1塊份

作法

1. 豬腰內肉切成2cm厚，兩面撒上鹽、胡椒。
2. 將芝麻油放入平底鍋中加熱，將1的兩面煎上色。
3. 加入A，以較小的中火煮10分鐘左右。

使用豆漿製作，也增加了植物性蛋白質

芥末籽
嫩煎豬腰內肉

材料（2人份）

豬腰內肉（肉塊）……170g
鹽……1/4小匙
低筋麵粉……1/2大匙
橄欖油……1小匙
豆漿（無調整）……1/2杯
芥末籽醬……1/2大匙
西洋菜……適量

作法

1 豬腰內肉切成1～1.5cm厚，敲打得稍微薄一點，讓肉質變柔軟。撒鹽之後沾裹低筋麵粉。
2 將橄欖油放入平底鍋中加熱，將1的兩面煎上色。加入豆漿之後，將鍋蓋稍微錯開位置蓋在上面，以小火煮8～10分鐘。
3 加入芥末籽醬將全體沾裹之後盛盤，附上西洋菜。

蛋白質 21.3g
醣類 3.9g
熱量 171kcal

蛋白質 13.2g
醣類 9.1g
熱量 375kcal

豬肋排

匯集有暖身效果的食材來製作

生薑燉排骨

材料（2人份）

豬肋排……250g
鹽……1/4小匙
胡椒……少許
生薑……2塊
洋蔥……小1/2個
蘿蔔……100g
胡蘿蔔……小1/2根
牛蒡……1/4根
酒……1大匙
A 「紅辣椒（去籽）…1/2根
A └鹽……1/3小匙
B 「醬油……1/2小匙
B └胡椒……少許

作法

1 豬肋排撒上鹽、胡椒，切成6等分。生薑切成薄片。
2 洋蔥切成一半，蘿蔔、胡蘿蔔、牛蒡切得大塊一點。牛蒡如果很粗，先縱切成一半，過水之後瀝乾水分。
3 將水3.5杯倒入鍋中煮滾，加入1、酒，蓋上鍋蓋，煮滾之後轉成小火，煮30分鐘左右。
4 加入2、A之後再煮20分鐘左右，用B調整味道。

滿滿鉀&蛋白質含量豐富的毛豆

微波毛豆燒賣

豬絞肉

材料（2人份）

豬絞肉（瘦肉）……150g
燒賣皮……12片
生香菇……2個
洋蔥……1/4個
砂糖、片栗粉……各1小匙
味噌……2小匙
酒……1大匙
毛豆仁……80g
芥末醬……適量

作法

1 燒賣皮切成一半，再切成細條。將已切掉菇柄底部的生香菇以及洋蔥切成碎末。
2 將豬絞肉、砂糖、味噌放入缽盆中，揉拌至產生黏性，加入香菇和洋蔥、片栗粉、酒繼續揉拌，加入毛豆混拌之後分成10等分，然後揉圓。
3 表面貼滿燒賣皮之後放在耐熱器皿中，灑上水1大匙，鬆鬆地覆蓋保鮮膜，以微波爐（600W）加熱6～7分鐘。盛盤，附上芥末醬。

減重時的推薦菜單！小腹也變平坦

金針菇擔擔麵

材料（2人份）

豬絞肉……100g
金針菇……大2袋
青江菜……1株
芝麻油……1小匙
八丁味噌……1大匙
胡椒……少許
高湯塊……1/2個
A
白芝麻醬……4大匙
醬油……1小匙
辣油……少許
長蔥（碎末）……10cm份

作法

1 金針菇切除根部，盡可能地剝散。放入耐熱容器中，覆蓋保鮮膜，以微波爐（600W）加熱2分鐘。
2 青江菜縱切一半之後燙煮。
3 將芝麻油放入平底鍋中加熱，炒豬絞肉，炒散之後加入熱水1/4杯。將八丁味噌溶解加入，熬煮到收乾水分之後，撒上胡椒。
4 將水2杯倒入鍋中煮滾，溶開高湯塊之後加入A。
5 將1放入容器中，倒入4，然後將2和3擺在上面。

PART 3 牛肉

牛腿肉／特定部位牛邊角肉
各部位牛邊角肉／牛絞肉／牛肋排
牛排肉／牛腱肉

因為牛肉中所含的鐵質，吸收率佳，
所以正好適合用來消除疲勞。
公認具有燃脂效果的左旋肉鹼、
穀物中很少的必需胺基酸：離胺酸的含量也很豐富。

輕鬆就能完成的宴客料理，提味用的醬油是重點

芥末籽煎牛肉

蛋白質	醣類	熱量
20.9g	2.6g	301kcal

材料（2人份）

牛腿肉薄片……200g
鹽、胡椒……各少許
沙拉油……1大匙
芥末籽醬……2大匙
醬油……1小匙

作法

1 牛腿肉薄片撒上鹽、胡椒，預先調味。
2 將沙拉油放入平底鍋中加熱，再將1攤開放入鍋中，煎兩面。大致上煎熟之後加入芥末籽醬，沾裹在全部肉片上面，從鍋壁加入醬油。盛盤之後，可以附上西洋菜。

搭配具有促進消化效果的青紫蘇，溫和好消化

紫蘇卷一口牛排

蛋白質	醣類	熱量
20.3g	4.0g	247kcal

材料（2人份）

- 牛腿肉薄片（瘦肉）……200g
- 鹽……1/4小匙
- 胡椒……少許
- 青紫蘇葉……6片
- 橄欖油……1小匙
- 長蔥……1/2根
- 小番茄……4個
- 檸檬（瓣形）……1/4個份

作法

1. 攤開保鮮膜，將牛腿肉薄片稍微重疊攤開在保鮮膜上，撒上鹽、胡椒。將青紫蘇葉排列在上面，然後從邊緣捲起來。以保鮮膜包覆成棒狀，放在冷藏室冷卻15分鐘，隔著保鮮膜切成6等分之後，剝除保鮮膜。肉卷結束的地方以牙籤固定。
2. 將橄欖油放入平底鍋中加熱，放入1，以中火煎兩面。將切成2cm長的長蔥、小番茄也加進去一起煎，盛盤之後附上檸檬。

即使是薄肉片做成的料理，滿足感還是很高

味噌醬汁牛肉串燒

材料（2人份）

牛腿肉薄片……………150g

A
- 味噌……………………1大匙
- 長蔥（碎末）……10cm份
- 生薑泥…………………1小匙
- 蒜泥…………………1/4小匙

高麗菜……………………1/2片

作法

1. 牛腿肉薄片切成5cm寬，加入A抓拌。
2. 將1分成10等分，插入竹籤。
3. 以小烤箱烘烤5～6分鐘，烤成漂亮的金黃色。盛盤後附上切成大塊的高麗菜。

有助於消化肉類的茄子，也有改善高膽固醇的功效

照燒茄子牛肉卷

材料（2人份）

牛腿肉薄片（瘦肉）
…………………………………160g

茄子…………………………2個

鹽、胡椒、低筋麵粉‥各少許

芝麻油、酒………各1小匙

A
- 醬油……………………2小匙
- 味醂……………………1小匙
- 砂糖…………………1/4小匙

炒白芝麻…………………少許

作法

1. 茄子縱切成4份，牛腿肉薄片撒上鹽、胡椒之後分成8等分，捲起茄子，再沾裹薄薄一層麵粉。
2. 將芝麻油放入平底鍋中加熱，一邊轉動1一邊煎，加入酒之後蓋上鍋蓋，以小火燜煎7～8分鐘。加入A之後轉成中火，讓肉卷均勻沾裹醬汁。盛盤後撒上炒白芝麻。

利用蛋白質＋乳酪的鐵&鈣來增強肌力

麵包粉煎乳酪夾心牛肉排

蛋白質	醣類	熱量
28.2g	13.6g	480kcal

材料（2人份）

- 牛腿肉薄片（瘦肉）……200g
- 鹽、胡椒……各適量
- 披薩用乳酪……40g
- 麵粉……適量
- 打散的蛋液……1/2個份
- 麵包粉（乾燥細粒）……適量
- 番茄……小1個
- 橄欖油……2大匙
- 西洋菜……適量

作法

1. 牛腿肉薄片分成半量後攤開，撒上鹽、胡椒各少許，各放上半量的披薩用乳酪之後包起來。沾裹薄薄一層麵粉，依照順序沾裹打散的蛋液、麵包粉作為麵衣。
2. 番茄切成瓣形。
3. 將橄欖油放入平底鍋中加熱，以中火～小火煎1。待兩面都煎成金黃色之後取出，將剩餘的油倒掉，趁鍋子還熱的時候放入2煎烤，撒上鹽、胡椒各少許。
4. 將3盛盤，附上西洋菜。

宛如餐廳菜色的擺盤，賞心悅目

嫩煎蕪菁牛肉佐芥末籽醬汁

材料（2人份）

牛腿肉塊（瘦肉）……150g
A 蒜泥、鹽、胡椒……各少許
蕪菁……小3個
蕪菁葉……1棵份
橄欖油……1/2大匙
B
- 白酒……1大匙
- 月桂葉……1/2片
- 百里香（乾燥）……少許
- 熱水……1/2杯

芥末籽醬……1大匙
鹽……1/6小匙
胡椒……少許

作法

1. 牛腿肉塊切成5㎜厚，稍大一點的一口大小，以A預先調味。蕪菁切掉葉子之後，切成圓片。蕪菁葉切成3㎝長。
2. 將橄欖油放入平底鍋中加熱，牛肉和蕪菁的兩面都煎成漂亮的金黃色。依照順序加入B，蓋上鍋蓋，燜煮到蕪菁變軟為止。
3. 加入蕪菁葉煮熟，然後將芥末籽醬溶入煮汁中，均勻沾裹全體，撒上鹽、胡椒。
4. 將蕪菁和牛肉重疊盛盤，淋上剩餘的醬汁，最後附上蕪菁葉。

將價格合宜的腿肉做成宴客料理

牛肉半敲燒

材料（2人份）

牛腿肉塊……200g
鹽、胡椒……各少許
茗荷……2個
西洋芹……1/2根
蘿蔔嬰……1/2盒
芥末醬、酸橘醋醬油……各適量

作法

1. 牛腿肉塊撒上鹽、胡椒，搓揉全體。平底鍋以大火燒熱，不倒入油，一邊轉動牛肉一邊煎烤，將每一面都充分煎烤上色。取出放在容器中，放涼後切成薄片。
2. 茗荷縱切成一半之後，斜切成薄片。西洋芹以刨片器刨切成7～8cm長的薄片。蘿蔔嬰切除根部。將全部的蔬菜泡在冷水中，使口感變得清脆。
3. 將蔬菜充分瀝乾水分之後盛放在盤子的中央，將1的肉排列在蔬菜的周圍。在肉片的各處添放芥末醬，附上酸橘醋醬油。

蛋白質 20.3g　醣類 3.0g　熱量 228kcal

蛋白質 20.0g　醣類 3.4g　熱量 251kcal

零失敗的宴客料理

微波烤牛肉

材料（4人份）

牛腿肉塊……400g
A
「蜂蜜……1/2大匙
└橄欖油……1大匙
B
「鹽……1/2小匙
└粗磨黑胡椒……少許
西洋菜……適量
C
「醬油、酒、黑醋
└（或是醋）……各1大匙

作法

1. 將牛腿肉塊放在耐熱器皿中，全體以A沾裹，不覆蓋保鮮膜，以微波爐的小火（200W）加熱2分鐘。
2. 將B撒滿全體肉塊，不覆蓋保鮮膜，以微波爐的大火（500W）加熱4分鐘。翻面之後再加熱2分鐘。
3. 立刻覆蓋鋁箔紙保溫，放置10分鐘以上，使肉汁穩定下來。西洋菜切除菜莖老硬的部分。
4. 將牛肉流出的肉汁移入小鍋中，煮滾之後加入C，稍微煮滾即可。
5. 將牛肉切成薄片之後盛盤，以西洋菜點綴，並在一旁附上4。

只用小烤箱就能完成的輕鬆感也是魅力所在

乳酪焗烤牛肉

材料（2人份）

特定部位牛邊角肉……200g
A［鹽、粗磨黑胡椒……各少許
　 披薩醬……2大匙
沙拉油……少許
披薩用乳酪……50g

作法

1 將A加入牛邊角肉中混拌均勻，使牛肉入味。
2 將鋁箔紙鋪在小烤箱的烤盤上，塗上薄薄一層沙拉油。將牛肉攤平之後撒上披薩用乳酪，烘烤12～15分鐘，烤到乳酪融化，變成漂亮的金黃色為止。
3 取出之後分裝在盤子中，也可以附上西洋菜。

蔬菜好豐富！大口吃也OK的高能量料理

黃豆芽牛火鍋肉片佐韭菜醬汁

材料（4人份）

特定部位牛邊角肉（涮涮鍋用）……400g
黃豆芽……400g
A［韭菜（碎段）……50g
　 生薑（碎末）……1/2塊份
　 大蒜（碎末）……1/2瓣分
　 紅辣椒（小圓片）……1撮
　 醋、醬油……各1又1/2大匙
　 蠔油……2小匙

作法

1 牛肉以50～70度的熱水燙煮，煮到牛肉變色之後，撈出牛肉放入冷水裡，然後放在網篩上瀝乾水分。
2 黃豆芽以滾水燙煮1分鐘左右，瀝乾水分，放涼之後擠乾水分。
3 將2鋪在盤子中，放上1，將A混合之後淋在上面。

可以連同蛋白質一起攝取維生素，蔬菜滿滿的料理

異國風味牛火鍋肉片沙拉

材料（4人份）

特定部位牛邊角肉……200g
高麗菜……1/2個
紅洋蔥……1/4個
鴨兒芹……1盒
沙拉油……3大匙
魚露……1又1/2大匙
檸檬汁……1大匙
砂糖……1小匙
大蒜（磨成泥）……1/4瓣份

作法

1 高麗菜切成一口大小，紅洋蔥縱切成薄片。鴨兒芹摘除葉子，菜莖切成4cm長。
2 在大量的滾水中加入少許鹽（分量外），迅速燙煮高麗菜，然後放在網篩上放涼。將牛邊角肉放入同一鍋滾水中，以稍小的中火迅速燙煮，直到牛肉變色為止，以相同的方式放涼。
3 將沙拉油、魚露、檸檬汁、砂糖、大蒜放入缽盆中混合，加入**2**、鴨兒芹、紅洋蔥調拌。

蛋白質 14.4g　醣類 2.3g　熱量 257kcal

市售高湯的醣類含量較高，不妨自己製作

牛肉櫛瓜韓式歐姆蛋

材料（2人份）

特定部位牛邊角肉……50g
鹽、胡椒……各少許
櫛瓜……1/2根
大蒜（薄片）……1片
芝麻油……1小匙
蛋……3個
沙拉油……1小匙

A
砂糖……1/2小匙
鹽、胡椒……各少許

B
醬油……2小匙
醋、白芝麻粉、芝麻油……各1/2小匙
紅辣椒（小圓片）……1/2根份

作法

1 牛邊角肉細細切碎之後，與鹽、胡椒混拌。櫛瓜切成較粗的細絲，大蒜切成碎末。
2 將芝麻油放入平底鍋中加熱，炒牛肉，加入大蒜、櫛瓜之後迅速炒一下。
3 將蛋放入缽盆中打散成蛋液，加入**2**、**A**混合均勻。
4 將沙拉油放入平底鍋中加熱，倒入**3**，攪拌成半熟狀態之後調整形狀，再蓋上鍋蓋以小火煎3～4分鐘，翻面後再繼續煎。
5 分切之後盛盤，附上混合均勻的**B**。

膳食纖維很豐富，幫助消化順暢的料理

蔬菜多多牛肉卷

材料（2人份）

特定部位牛邊角肉……6片
紅甜椒……1/4個
綠蘆筍……6根
珠蔥……3根
紅葉萵苣……2片

A
- 原味優格……3大匙
- 橄欖油……1大匙
- 檸檬汁……1小匙
- 鹽……1/4小匙左右
- 蜂蜜、蒜泥、粗磨黑胡椒……各少許

作法

1 鍋中將水煮滾，加入少許酒（分量外），放入牛肉薄片迅速燙一下，再泡在冷水中，然後放在網篩上瀝乾水分。

2 紅甜椒縱切成5mm寬。綠蘆筍以削皮刀削除根部的皮，以滾水燙煮之後將長度切成一半～3等分。珠蔥切成5cm長，紅葉萵苣洗淨之後撕碎成適當的大小。

3 將1攤開，依照順序放上2的紅葉萵苣、綠蘆筍、紅甜椒、珠蔥，捲起來之後盛盤。

4 淋上將A混合而成的醬汁。

蛋白質 27.1g
醣類 5.2g
熱量 573kcal

蛋白質 13.0g
醣類 4.7g
熱量 282kcal

善加利用素材的鮮味，將調味料稍微減量

番茄煮牛肉

材料（4人份）

特定部位牛邊角肉……300g
鹽……1/5小匙
胡椒……少許
洋蔥……1/4個
西洋芹……1/4根
紅甜椒……1/2個
大蒜……1/2瓣
橄欖油……2小匙
紅酒……2大匙

A
- 番茄罐頭（切塊）……1/2罐
- 水……1/4杯
- 砂糖……1小匙
- 鹽……1/3小匙
- 胡椒……少許
- 月桂葉……1片

作法

1 牛肉薄片切成一口大小，撒上鹽、胡椒。洋蔥、西洋芹、紅甜椒切成小丁，大蒜切成碎末。

2 將橄欖油放入平底鍋中加熱，炒1的牛肉，加入其餘的1之後迅速炒一下。

3 加入紅酒之後煮滾，然後加入A混合，蓋上鍋蓋。煮滾之後轉成小火，煮15分鐘左右。

依個人喜好淋上檸檬汁，味道就會變得清爽

牛邊角肉的炸丸子

材料（2人份）

各部位牛邊角肉⋯⋯⋯200g
A
醬油⋯⋯⋯1/2大匙
胡椒⋯⋯⋯少許
蛋⋯⋯⋯1個
炸油⋯⋯⋯適量
B
片栗粉⋯⋯⋯2大匙
麵粉⋯⋯⋯2大匙
萵苣⋯⋯⋯適量

作法

1 將牛邊角肉放入缽盆中，加入A之後抓拌均勻。
2 炸油以中火加熱，開始加熱至170～180度。
3 將B加入1的缽盆中混合，分成大約10等分，整圓成丸子狀。放入2的炸油中，直接以中火炸成漂亮的金黃色為止，將裡面炸熟。
4 瀝乾油分之後盛盤，附上撕碎的萵苣。

將大受歡迎的韓國菜用蒟蒻絲做成美味的低醣料理

蒟蒻絲版韓式炒冬粉

材料（4人份）

各部位牛邊角肉⋯⋯⋯300g
鹽、胡椒⋯⋯⋯各適量
酒（低醣類的酒亦可）⋯⋯⋯1大匙
胡蘿蔔⋯⋯⋯1/2根
洋蔥⋯⋯⋯1/2個
鴻喜菇⋯⋯⋯1/2盒
小松菜⋯⋯⋯1/2把
蒟蒻絲⋯⋯⋯2盒
芝麻油⋯⋯⋯1大匙
大蒜（磨成泥）⋯⋯⋯2小匙
醬油⋯⋯⋯2大匙
炒白芝麻⋯⋯⋯1大匙

作法

1 牛邊角肉切成容易入口的大小，撒上鹽、胡椒各少許，灑上酒，預先調味。
2 2胡蘿蔔切成細絲，洋蔥切成薄片，鴻喜菇剝散。小松菜的莖部切成3cm長，菜葉切成1cm寬。蒟蒻絲切成大段之後燙煮一下，瀝乾水分。
3 將芝麻油1/2大匙放入平底鍋中加熱，炒大蒜和1，待牛肉變色之後依照順序加入胡蘿蔔、洋蔥、鴻喜菇一起炒。炒到變軟之後加入小松菜、醬油，和鹽、胡椒各少許拌炒，加入剩餘的芝麻油1/2大匙，撒上炒白芝麻，大幅度地拌炒。

有壽喜燒風味偏甜的配料，但主食是豆腐的話就很安心！

牛肉蓋飯

蛋白質	醣類	熱量
20.0g	7.4g	309kcal

豆腐飯

材料和作法（容易製作的分量）

1 木綿豆腐1塊以用力擠乾水分的方式弄碎。

2 放入平底鍋中，一邊用長筷攪拌一邊以中火加熱。炒到變成乾鬆狀態之後，放入網篩中瀝乾水分。

材料（2人份）

各部位牛邊角肉……100g
木綿豆腐……1塊
洋蔥……2/3個
A ┌日式高湯……3/4杯
A 醬油……1大匙
A └味醂……1小匙
珠蔥……少許

作法

1 製作豆腐飯（參照上記）。

2 洋蔥切成7～8mm寬。

3 將A放入鍋中以中火加熱，煮滾之後放入牛邊角肉、洋蔥。再度煮滾之後撈除浮沫，煮3～4分鐘，使之入味。

4 將1盛入大碗中，連同煮汁放上3，然後撒上珠蔥切成的蔥花。

將邊角肉做成也很適合佐葡萄酒的一道料理

香料烤牛肉

材料（2人份）

- 各部位牛邊角肉……200g
- 洋蔥（薄片）……1/2個份
- A
  - 鹽……1/4小匙
  - 粗磨黑胡椒、肉豆蔻、辣椒粉……各少許
  - 紅酒……1/2大匙
  - 橄欖油……1/2大匙
- 薄荷葉……少許

作法

1. 將牛邊角肉、洋蔥放入缽盆中，加入A抓拌。
2. 將鋁箔紙揉皺後鋪在小烤箱的烤盤中，再將1攤平放在鋁箔紙上，烘烤7～8分鐘，烤成漂亮的金黃色。
3. 盛盤後，以薄荷葉點綴。

迅速拌炒牛肉和蔬菜，保留口感是製作要訣

豆瓣醬炒 牛絞肉竹筍豌豆莢

材料（2人份）

- 牛絞肉（瘦肉）……150g
- 水煮竹筍……150g
- 豌豆莢……40片
- 橄欖油……1/2大匙
- 豆瓣醬……1/4小匙
- 蠔油……1/2小匙

作法

1. 水煮竹筍縱切成一半，再切成5mm厚之後燙煮30秒左右。豌豆莢撕除老筋。
2. 將橄欖油放入平底鍋中加熱，炒牛絞肉。炒熟之後加入竹筍一起炒，再加入豆瓣醬。
3. 加入豌豆莢，炒到變成鮮綠色之後以蠔油調味。

用小烤箱烤得金黃飄香

麵包粉烤帶骨牛肋排

牛肋排

材料（2人份）

帶骨牛肋排……300g	白酒……1大匙
A 鹽……1/4小匙	青紫蘇葉……5片
A 粗磨黑胡椒、蒜泥……各少許	荷蘭芹（碎末）……2大匙
麵包粉……1/2杯	橄欖油……1大匙

作法

1 將A加入帶骨牛肋排中抓拌，預先調味。將白酒灑入麵包粉中混拌，再加入切成碎末的青紫蘇葉和荷蘭芹混拌。

2 將鋁箔紙鋪在小烤箱的烤盤上，再塗上半量的橄欖油。將1的麵包粉裹滿牛肉之後排列在烤盤中，淋上剩餘的橄欖油，烘烤13～14分鐘，烤熟成漂亮的金黃色，盛盤之後可以附上小番茄。

醬汁很美味的南蠻漬牛肉版本

烤牛肋排南蠻漬

材料（2人份）

牛肋排……10片	A 水……2大匙
鹽、胡椒……各少許	A 醋……1/4杯
長蔥……1/2根	A 砂糖……2小匙
紅甜椒……大1個	A 醬油……2小匙
	A 紅辣椒（小圓片）……1根份

作法

1 牛肋排撒上鹽、胡椒。長蔥縱切成一半之後斜切成薄片。紅甜椒去除蒂頭和籽之後，斜切成細絲。將A放入缽盆或長方形淺盆中混合。

2 將長蔥和紅甜椒放入耐熱器皿中，鬆鬆地覆蓋保鮮膜，以微波爐（600W）加熱40秒左右，加入A之中混合。

3 將平底鍋燒熱，放入牛肉煎烤，烤到牛肉的表面稍微呈現漂亮的金黃色時取出。瀝除油分之後加入2中，醃漬5～10分鐘使牛肉入味。

利用盒裝的調味牛肋排變身異國料理！

異國風味咖哩

材料（2人份）

- 調味牛肋排……250g
- 咖哩粉……1/2大匙
- 洋蔥……1/2個
- 青椒……2個
- 紅甜椒……1/2個
- 沙拉油……1/2大匙
- 原味優格……1/2杯
- A 鹽、胡椒……各少許
- A 砂糖……1/2小匙

作法

1. 將咖哩粉撒滿調味牛肋排。洋蔥縱切成5～7mm寬，青椒和紅甜椒切成一口大小。
2. 將沙拉油放入鍋子（平底鍋亦可）中加熱，以煎烤的方式炒牛肉。大致上炒熟之後，加入洋蔥、青椒和紅甜椒，迅速炒一下。
3. 倒入熱水1/2杯，煮滾之後撈除浮沫，然後加入原味優格混拌，以A調味。

鮮味十足的牛肉，不費工夫調理也很美味

烤牛肉

材料（2人份）

- 牛肋排……300g
- A 酒……1大匙
- A 醬油……1又1/2大匙
- A 砂糖……1小匙
- A 芝麻油……1/2大匙
- A 蒜泥……少許
- A 白芝麻粉……1/2大匙
- 南瓜……100g
- 洋蔥（圓形薄片）……2片
- 獅子椒……6根
- 沙拉油……1/2～1大匙

作法

1. 將A放入缽盆中，再加入牛肋排，用手抓拌均勻之後放置30分鐘。
2. 南瓜切成容易入口大小的薄片，洋蔥要插入牙籤，以免在煎的過程中分散開來。獅子椒切入1道切痕，防止破裂。
3. 將沙拉油放入平底鍋中加熱，然後將南瓜和洋蔥排列在鍋中，單面煎上色之後翻面，加入獅子椒。全體煎熟之後盛盤。
4. 平底鍋以中火加熱，將1瀝除肉汁之後放入鍋中，迅速將兩面煎烤成稍微上色的程度。盛入3的盤子中。

簡單&超鮮美醬汁也可以運用在其他料理上

蒜味牛排

材料（4人份）

- 牛排肉……大2片
- 大蒜……4瓣
- 橄欖油……2大匙
- 鹽、粗磨黑胡椒……各適量
- 白蘭地……2大匙
- 西洋菜……1把
- A 醬油……3大匙
- A 巴薩米克醋……2大匙

作法

1. 牛排肉從冷藏室取出之後，放置在室溫中20分鐘左右。大蒜橫切成薄片，剔除綠芽。
2. 將橄欖油和大蒜放入平底鍋中，以小火加熱，待大蒜淺淺地上色，香氣轉移到橄欖油裡之後，取出大蒜。
3. 在牛肉的兩面多撒一點鹽和粗磨黑胡椒，放入已轉成大火加熱的2的平底鍋中。先將牛肉的表面全體煎上色，接著轉成中火，加熱成自己喜歡的熟度，然後將火勢稍微轉小一點，淋上白蘭地，讓酒精成分蒸發。
4. 取出3，包在鋁箔紙中，放置5分鐘。
5. 西洋菜切成容易入口的小段。混合A，製作成醬汁。
6. 牛肉切成容易入口的大小，盛盤，放上2的大蒜，附上西洋菜，最後淋上5的醬汁。

多花點心思製作醬汁，就可以將使用的油減至少量

番茄醬汁拌嫩煎牛肉

材料（2人份）

牛排肉……200g
鹽、胡椒……各少許
番茄……1個
西洋菜……1把
沙拉油……1/2大匙

A
醋……1/2大匙
沙拉油……2大匙
醬油……2小匙
芥末籽醬……1小匙

作法

1 將牛排肉斷筋之後，在兩面撒上鹽、胡椒。番茄橫切成一半之後，去籽，切成1cm的小丁。西洋菜切成容易入口的的小段。
2 將沙拉油放入平底鍋中加熱，將牛肉的兩面煎成喜歡的熟度之後，以鋁箔紙包住，放置5～6分鐘，然後切成薄片，盛盤。
3 以混合均匀的A調拌番茄和西洋菜，放在2的上面，然後將剩餘的醬汁淋在上面。

蛋白質 18.3g
醣類 4.8g
熱量 505kcal

蛋白質 61.8g
醣類 30.6g
熱量 767kcal

因為加了味噌，成品出乎意料地柔嫩

味噌漬牛肉

材料（容易製作的分量）

牛排肉……小4片

A
味噌（信州味噌等）……2大匙
蜂蜜……2大匙
酒……2大匙

作法

1 將A混合均匀。
2 將牛排肉和1裝入塑膠袋等的裡面，隔著塑膠袋充分搓揉，使牛肉入味。
3 迅速清洗之後，擦乾水分，放在烤架或烤網上，以稍大的中火烘烤，切成容易入口的大小之後盛盤。依個人喜好，附上酸橘等。

均衡的動物性&植物性蛋白質

韓式風味豆腐燉牛肉

牛腱肉

蛋白質 27.7g　醣類 8.0g　熱量 222kcal

材料（2～3人份）

- 水煮牛腱肉……200g
- 水煮牛腱肉的煮汁……適量
- 木綿豆腐……1塊
- 珠蔥（斜切薄片）……4根份
- A
  - 大蒜……2瓣
  - 生薑（薄片）……4片
  - 辣椒粉……1/2小匙
  - 砂糖……1又1/2大匙
  - 醬油……3大匙

作法

1. 木綿豆腐切成8等分。
2. 在水煮牛腱肉（參照下記）的煮汁中加入水，補足成1杯。
3. 將豆腐和水煮牛腱肉放入鍋中，慢慢地將2倒入鍋中。加入A，以大火加熱，煮滾之後撈除浮沫，以稍小的中火煮15～20分鐘。
4. 盛盤，附上珠蔥。

水煮牛腱肉 材料和作法（容易製作的分量）

1. 將牛腱肉800g切成3cm厚，放入鍋中，倒入足量的水，以大火加熱。煮滾之後撈除浮沫，轉成小火，煮40分鐘左右，直到牛肉變軟。
2. 就這樣直接浸泡在煮汁中放涼，去除凝固的油脂。

蛋白質 43.6g　醣類 62.5g　熱量 682kcal

分量充足。做成開面三明治的話可以稍微減少醣類

牛肉義式三明治

材料（2人份）

- 水煮牛腱肉……200g
- A
  - 美乃滋……2大匙
  - 芥末籽醬……1大匙
  - 鹽、胡椒……各少許
- 萵苣……4片
- 番茄……1個
- 小黃瓜……1/2根
- 水煮蛋……1個
- 喜愛的麵包（薄片）……8片
- 奶油……適量
- 羅勒葉……4片

作法

1. 水煮牛腱肉（參照上記）剝散之後放入缽盆中，加入A調拌。
2. 萵苣撕碎成符合麵包的大小。番茄切成圓形薄片，小黃瓜斜切成片。水煮蛋切成圓片。
3. 麵包塗上奶油，依照順序放上萵苣、小黃瓜、番茄、1、水煮蛋、撕碎的羅勒葉，然後用另一片麵包夾起來。以相同的作法製作另外3組。

PART 

魚肉

鯖魚／鮭魚／旗魚／鰤魚
鰆魚／沙丁魚／鮪魚／竹筴魚
秋刀魚／蝦／章魚

魚肉除了含有蛋白質之外，還飽含可使血液暢通的EPA、有益腦部的DHA、日本人容易缺乏的鈣質等重要的營養素。近來日本人逐漸不吃魚，實在太可惜了！製作料理時也巧妙地利用罐頭吧。

蛋白質豐富，而且醣類低的推薦菜色

蛋焗鯖魚罐頭和豆腐

蛋白質	醣類	熱量
32.1g	1.5g	336kcal

材料（2人份）

鯖魚（水煮）……1罐
木綿豆腐……1/2塊
秋葵……2根
水煮蛋……1個
烘焙用乳酪絲……4大匙
鹽、胡椒……各少許
荷蘭芹（碎末）……適量

作法

1 鯖魚罐頭用手大略剝散。木綿豆腐切成容易入口的大小。秋葵迅速燙一下，再切成滾刀塊，水煮蛋切成6等分。
2 將1排列在焗烤盤中，撒上烘焙用乳酪絲、鹽、胡椒，以小烤箱烘烤得恰到好處。撒上荷蘭芹。

與有助於消化的大量蘿蔔泥一起享用

炸豆腐鯖魚罐頭雪見鍋

材料（2人份）

鯖魚（水煮）……………2罐
嫩豆腐……………………1塊
片栗粉……………………適量
炸油………………………適量
根鴨兒芹………………1/2把
鴻喜菇……………………1盒
A 麵味露（3倍濃縮）……………150ml
A 水……………………3杯
A 鯖魚罐頭汁液……2罐份
蘿蔔泥……………………1杯
柚子皮（切絲）………適量

作法

1 嫩豆腐切成6等分。用廚房紙巾擦乾水分，沾裹薄薄一層片栗粉，以170度的炸油炸成金黃色。
2 根鴨兒芹切除根部之後切成大段，鴻喜菇切除根部之後分成小株。
3 將A放入鍋中煮滾之後，加入1、2、鯖魚罐頭、蘿蔔泥，再撒上柚子皮。

蛋白質 53.8g
醣類 30.2g
熱量 679kcal

以生薑提味的味噌，盡情享用鯖魚罐頭

鯖魚鬆蓋飯

材料（4人份）

鯖魚（味噌味）…………1罐
洋蔥………………………1/2個
胡蘿蔔……………………1/3根
生香菇……………………2個
生薑………………………1塊
沙拉油……………………適量
熱米飯…………飯碗4碗份
珠蔥（蔥花）……………適量
炒蛋………………………適量
白芝麻……………………適量

作法

1 洋蔥、胡蘿蔔、生香菇、生薑都切成碎末。將沙拉油放入平底鍋中加熱，放入蔬菜之後以大火炒到變軟。
2 鯖魚罐頭連同汁液加入1之中一起煮。一邊攪拌以免煮焦，一邊以小火炒煮10分鐘左右，煮至收汁、變成濕潤的鬆散狀態，製作成鯖魚鬆。
3 將米飯盛入碗中，放上珠蔥、炒蛋、2，最後再撒上白芝麻。

蛋白質 13.7g
醣類 61.6g
熱量 423kcal

添加了乳酪，也能充分地補充鈣質

芙蓉鯖魚高麗菜卷

蛋白質	醣類	熱量
31.6g	13.4g	437kcal

材料（2人份）

鯖魚（水煮）……1罐
洋蔥……1/2個
大蒜……1瓣
高麗菜……4片
加工乳酪……4片
橄欖油……1大匙
月桂葉、百里香……各適量
A 水煮番茄罐頭（切丁）……1杯
A 水……1杯
A 雞清湯（顆粒）……1小匙
鹽、胡椒……各適量

作法

1. 洋蔥和大蒜切成碎末。高麗菜放入缽盆中，覆蓋保鮮膜，以微波爐（600W）加熱3分鐘之後放入冷水中，然後擦乾水分。
2. 將鯖魚、加工乳酪放在1的高麗菜上面，包起來。菜卷結束的地方以牙籤固定。以相同的作法製作4個。
3. 將橄欖油放入鍋中加熱，炒洋蔥、大蒜、月桂葉、百里香。
4. 將2和A放入3之中，蓋上落蓋，煮20分鐘。以鹽、胡椒調整味道。

以芝麻和洋蔥將一般的鯖魚罐頭做出清爽口味

棒棒雞風味鯖魚

蛋白質	醣類	熱量
24.4g	15.1g	310kcal

材料（2人份）

鯖魚（水煮）……1罐
洋蔥……1/4個
小黃瓜……1根
番茄……2個
A
白芝麻醬……1大匙
味醂……1大匙
醬油……1大匙
醋……1小匙
生薑（碎末）、
洋蔥（碎末）……各1小匙
豆瓣醬……少許

作法

1 鯖魚罐頭瀝乾汁液之後，大略剝散。洋蔥切成薄片之後泡入冷水中，然後放在網篩上瀝乾水分。小黃瓜切絲，番茄切成半月形薄片。
2 將番茄沿著盤子的邊緣排列，中央鋪上小黃瓜，然後盛入鯖魚罐頭和洋蔥。
3 將A混合均勻之後淋在2的上面。

也有豐富的抗氧化物質，有助於預防老化和疾病

芥末籽烤鮭魚

蛋白質	醣類	熱量
25.8g	3.1g	361kcal

材料（2人份）

- 生鮭魚……2片
- 鹽……適量
- 胡椒……少許
- A 芥末籽醬……2大匙
- A 蛋黃……1個份
- A 美乃滋……4大匙
- 甜豆……6個

作法

1. 生鮭魚撒上少許鹽、胡椒，放置一下子後擦乾水分。
2. 烤魚烤箱的烤網預熱之後放上生鮭魚，烘烤兩面，大致烤熟後，在上面塗抹混合均勻的A的芥末美乃滋，然後再烤1～2分鐘。
3. 甜豆放入加了鹽的滾水中燙煮1分鐘左右，撒上少許鹽之後附加在鮭魚旁。

鹽漬鮭魚選用薄鹽的種類，留意減鹽

咖哩煮鮭魚高麗菜

蛋白質	醣類	熱量
18.7g	6.8g	198kcal

材料（2人份）

- 鮭魚（薄鹽）……150g
- A 咖哩粉、番茄醬……各1大匙
- 高麗菜……200g
- 青椒……2個
- 鹽……少許

作法

1. 鮭魚去除魚皮和魚骨，以斜刀片成一口大小，沾裹A。高麗菜切除硬梗，再切成較大的一口大小。青椒切成較大的滾刀塊。
2. 將鮭魚和水1杯放入鍋中，放上1的蔬菜，蓋上鍋蓋之後煮7～8分鐘。掀開鍋蓋，為了讓水分蒸發，攪拌整鍋食材，再煮3～4分鐘，如果覺得味道不夠的話，再以鹽調整味道。

以油酸很豐富的橄欖醬汁預防生活習慣病

煎旗魚

蛋白質	醣類	熱量
19.9g	2.1g	257kcal

材料（2人份）

旗魚……2片
鹽……1/5小匙
胡椒……少許
番茄……1/2個
橄欖油……1又1/2小匙
芝麻菜……2棵

A
- 黑橄欖（去籽、碎末）……5個份
- 橄欖油……1大匙
- 荷蘭芹（碎末）……2小匙
- 大蒜（碎末）、鹽、胡椒……各少許

作法

1. 旗魚以廚房紙巾擦乾多餘的水分，撒上鹽、胡椒。番茄縱切成一半。
2. 將橄欖油放入平底鍋中，以中火加熱，將旗魚的兩面煎成金黃色，再把番茄放入鍋中空出來的部分，迅速煎一下。
3. 盛盤，附上芝麻菜，然後淋上混合均勻的A。

搭配乳酪，可以提升美味&營養價值

乳酪夾心炸旗魚

材料（2人份）

- 旗魚……2片
- 乳酪片……2片
- 火腿……4片
- A 鹽、胡椒……各少許
- B 麵粉、打散的蛋液、麵包粉……各適量
- 炸油、萵苣、番茄醬……各適量

作法

1. 旗魚切成一半，以菜刀在厚度切入切痕，攤開魚肉。乳酪片切成一半。
2. 將乳酪片、火腿各1片分別放在攤開的旗魚上面，夾起來，撒上A。依照順序沾裹B的麵衣。
3. 炸油加熱至中溫（170度左右），放入2，炸得乾脆。瀝乾油分之後切成一半，盛盤後附上萵苣、番茄醬。

蛋白質 32.8g　醣類 13.9g　熱量 519kcal

蛋白質 20.9g　醣類 7.9g　熱量 250kcal

以低脂的旗魚和炒蔬菜健康地增加肌肉

醬炒番茄旗魚

材料（2人份）

- 旗魚……2片
- 鹽、胡椒……各少許
- 番茄……1個
- 櫛瓜……小1個
- 大蒜……1/4瓣
- 橄欖油……1大匙
- A 伍斯特醬……1大匙
- A 番茄醬……1小匙
- A 胡椒……少許

作法

1. 旗魚以廚房紙巾擦乾多餘的水分，以鹽、胡椒事先調味，然後切成容易入口的大小。
2. 番茄切成瓣形，櫛瓜切成較大的長方形切片，大蒜切成薄片。
3. 將橄欖油1/2大匙放入平底鍋中加熱，炒櫛瓜，然後先取出。將平底鍋迅速擦一下，加入橄欖油1/2大匙加熱，煎1。煎熟之後轉成大火，加入大蒜、番茄一起炒。
4. 將櫛瓜放回平底鍋中，加入混合均勻的A拌炒。

柚子味噌淋醬的清爽風味，既美味又低鹽

煎鰤魚蘿蔔溫沙拉

鰤魚

蛋白質 18.6g　醣類 5.0g　熱量 316kcal

材料（2人份）

鰤魚……2片
鹽……1/6小匙
蘿蔔……1/6根
蘿蔔葉（內側細小的部分）…20g
橄欖油……2小匙
大蒜（薄片）……2片份

A
- 沙拉油、味噌……各2小匙
- 醋、水……各1小匙
- 砂糖……1/4小匙
- 磨碎的柚子皮、鹽……各少許

柚子皮細絲（去除白色的部分）‥少許

作法

1. 鰤魚切成一口大小，撒上鹽，以廚房紙巾擦乾多餘的水分。
2. 蘿蔔切成較薄的半月形，蘿蔔葉切成4cm長。鍋中放入蘿蔔和大約可以蓋過蘿蔔的水，開火加熱，煮滾之後轉成小火，煮5分鐘左右，然後放在網篩上瀝乾水分。蘿蔔葉迅速燙煮一下。
3. 將橄欖油1小匙放入平底鍋中加熱，放入蘿蔔，煎到表面上色，再加入蘿蔔葉，迅速炒一下，然後先取出。在鍋中放入橄欖油1小匙、大蒜加熱，加入1煎熟之後，將蘿蔔和蘿蔔葉放回鍋中。
4. 盛盤，以畫圓方式淋上混合好的A，撒上柚子皮。

蛋白質 18.1g　醣類 5.4g　熱量 267kcal

以煎蔬菜補充容易不足的維生素

照燒鰤魚

材料（2人份）

鰤魚……2片
鹽……少許
長蔥……1/2根
青椒……1個
芝麻油……2小匙
小番茄……2個

A
- 味醂、醬油……各2小匙
- 蒜泥……少許

作法

1. 鰤魚撒上鹽，放置10分鐘左右，然後以廚房紙巾擦乾多餘的水分。長蔥將長度切成4等分，青椒去除蒂頭和籽之後切成滾刀塊。
2. 將芝麻油1小匙放入平底鍋中加熱，依照順序放入長蔥、青椒、小番茄，煎上色之後盛盤。
3. 將2的平底鍋迅速清洗一下，放入芝麻油1小匙加熱，再放入鰤魚，以較小的中火煎到變成金黃色。翻面後煎到相同的程度，再加入混合均勻的A，沾裹在鰤魚上，然後與2一起盛盤。

以鱈魚、鱸魚等來製作也很美味

中式蒸蔬菜鰆魚

材料（2人份）

鰆魚	2片	大蒜	1瓣
鹽、胡椒	各少許	鴨兒芹	1把
長蔥	1根	A 鹽、胡椒	各少許
胡蘿蔔	1/4根	A 酒、芝麻油	各2大匙
生薑	1塊		

作法

1 鰆魚在魚皮上切入切痕，抹上薄薄一層鹽、胡椒。
2 長蔥斜切成薄片，胡蘿蔔、生薑、大蒜切成細絲，鴨兒芹切成大段。
3 將半量的蔬菜鋪在耐熱器皿中，再將鰆魚互不重疊地放在蔬菜上面。放上剩餘的蔬菜，撒上A，鬆鬆地覆蓋保鮮膜，以微波爐（600W）加熱7分鐘。可以附上檸檬，也可以依個人喜好淋上醬油。

鰆魚也含有能改善眼睛疲勞和肌膚問題的成分

乳酪炸鰆魚

材料（2人份）

鰆魚	2片	麵粉	適量
鹽、胡椒	各少許	打散的蛋液	1個份
青椒	2個	炸油	適量
麵包粉	1杯	小番茄	4個
乳酪粉	2大匙		

作法

1 每片鰆魚切成2～3塊，如果有魚刺需將它拔除，然後撒上鹽、胡椒。青椒切成一口大小。將乳酪粉加入麵包粉中混合均勻。
2 鰆魚沾裹薄薄一層麵粉，再依照順序沾裹打散的蛋液、加入乳酪粉的麵包粉作為麵衣。
3 以加熱至比中溫稍低一點的炸油，將2炸3～4分鐘，然後瀝乾油分。接著清炸青椒和小番茄，最後與鰆魚一起盛盤。

將含有豐富EPA、DHA的沙丁魚做成義式料理

番茄煮馬鈴薯沙丁魚

蛋白質	醣類	熱量
19.7g	23.2g	373kcal

材料（2人份）

- 沙丁魚……小4尾
- A 鹽、胡椒、麵粉……各少許
- 馬鈴薯……200g
- 大蒜……1/2瓣
- 橄欖油……2大匙
- 水煮番茄罐頭……2/3罐
- B 紅辣椒（切大段）……1根份
- B 雞架高湯……1杯

作法

1. 沙丁魚切除魚頭，清除內臟之後，以手開法剝開沙丁魚。取下中骨和魚尾，撒上A。馬鈴薯去皮之後切成瓣形。大蒜切成2塊。
2. 將橄欖油1大匙放入平底鍋中加熱，放入沙丁魚，煎成金黃色之後，先取出。
3. 加入剩餘的橄欖油，也將大蒜、馬鈴薯炒一炒。馬鈴薯均勻地沾裹油分之後加入水煮番茄罐頭和B，蓋上鍋蓋，煮12～13分鐘，然後將2放回鍋中，煮6～7分鐘。盛盤，也可以撒上淺蔥。

含有鈣質和能提升鈣質吸收率的維生素D

咖哩麵衣炸沙丁魚

材料（2人份）

沙丁魚……3尾
A［咖哩粉……1小匙
　鹽、胡椒……各少許］
四季豆……60g
B［鹽……少許
　水……1/2杯］
C［片栗粉……1小匙
　麵粉……1/2杯
　咖哩粉……1/2大匙］
炸油、麵粉……各適量

作法

1. 沙丁魚切除魚頭，清除內臟之後，以手開法剝開沙丁魚。取下中骨和魚尾之後，以刀剝除腹骨，每片魚身切開成2片。撒上A，放置大約6分鐘。四季豆摘除蒂頭。
2. 將B放入缽盆中混合，加入C的粉類後大幅度翻拌。
3. 炸油加熱至中溫（170度左右），將四季豆放入2之中沾裹麵衣，然後下鍋油炸。接著將沙丁魚沾裹薄薄一層麵粉，再放入2之中沾裹麵衣，炸得乾乾脆脆。

蛋白質 13.3g　醣類 5.1g　熱量 145kcal

去除加熱之後釋出的油脂，就不會有腥臭味

沙丁魚甘露煮

材料（6人份）

沙丁魚……8尾
鹽……少許
沙拉油……2小匙
A［生薑（薄片）……1塊份
　醬油、酒……各2大匙
　蜂蜜、味醂……各1大匙］

作法

1. 沙丁魚去除魚頭、內臟、魚尾之後洗淨，擦乾水分之後，切成2～3等分的魚塊，撒上鹽。
2. 將沙拉油放入平底鍋中加熱，再將1排列放入鍋中，兩面都煎成漂亮的金黃色之後，以廚房紙巾擦掉多餘的油分。
3. 加入水1杯和A，蓋上落蓋，以小火煮30分鐘左右。
4. 掀開鍋蓋，轉成大火，熬煮至煮汁大致收乾為止。
5. 移入保存容器中放涼之後，放入冷藏室。

EPA豐富的鮪魚&洋蔥有助於使血液清澈

鮪魚半敲燒沙拉

蛋白質	醣類	熱量
21.2g	4.0g	175kcal

材料（2人份）

鮪魚（生魚片用）……150g
鹽、胡椒……各少許
橄欖油……1小匙
水菜……50g
紅甜椒……1/4個
洋蔥……1/4個
A ┌醬油、橄欖油……各2小匙
　│檸檬汁……1小匙
　└芥末醬……少許

作法

1 鮪魚以廚房紙巾擦乾多餘的水分，撒上鹽、胡椒。
2 將橄欖油放入平底鍋中加熱，再將1的表面迅速煎一下，然後立刻泡入冰水中。以廚房紙巾擦乾水分，切成8mm厚。
3 水菜切成3cm長，甜椒切成薄片。洋蔥切成薄片，泡入冷水中，然後充分瀝乾水分。
4 將2、3盛盤，再淋上混合均勻的A。

維生素E和鐵質的組合，促進血液循環

鮪魚新洋蔥堅果沙拉

材料（2人份）

鮪魚（生魚片用的魚塊）……150g
新洋蔥……大1/2個
綜合堅果（無鹽烘烤）……20g
綜合沙拉葉菜……20g

A
- 橄欖油……2小匙
- 醋、醬油……各1小匙
- 巴薩米克醋……1/2小匙
- 鹽、胡椒……各少許

作法

1. 鮪魚、新洋蔥切成薄片。
2. 綜合堅果大略切碎。
3. 將1和綜合沙拉葉菜一起盛盤，以畫圓的方式淋上混合均勻的A，再撒上2。

蛋白質 22.3g　醣類 5.6g　熱量 227kcal

蛋白質 20.0g　醣類 0.6g　熱量 127kcal

將常見的食材變化成稍微時尚的餐點

韃靼鮪魚

材料（2人份）

鮪魚（生魚片用・赤身）……150g
珠蔥……適量

A
- 芥末籽醬……1/2小匙
- 橄欖油……1小匙
- 鹽、胡椒……各少許

巴薩米克醋（或紅酒醋）、橄欖油……各1/2小匙

作法

1. 鮪魚切成5mm的小丁，珠蔥切成蔥花，保留少許蔥花作為點綴之用。將A加入鮪魚和蔥花之中混合攪拌。
2. 以湯匙將1舀起呈丸子狀，盛盤。灑上巴薩米克醋、橄欖油，再撒上預先保留作為點綴之用的珠蔥。

如果購買生魚片用的竹筴魚就不需前置作業，輕鬆製作

竹筴魚南蠻漬

材料（2人份）

竹筴魚（將生魚片用的以三片切法處理而成）……3尾份
洋蔥……1/2個
香菜……5～6根

A
- 魚露、檸檬汁、水……各1大匙
- 大蒜（薄片）……1瓣份
- 紅辣椒碎末……1小匙

麵粉、炸油……各適量

作法

1. 洋蔥縱切成薄片，香菜切成1～2cm長，加入混合均勻的A的南蠻醋中。
2. 竹筴魚沾裹薄薄一層麵粉，以加熱至180度的炸油炸得乾脆。充分瀝乾油分之後，趁熱浸泡在1的南蠻醋中，使之入味。

以香味蔬菜的香辣淋醬來減鹽

烤秋刀魚沙拉

材料（2人份）

秋刀魚……2尾
鹽……1/5小匙
茼蒿（葉子的部分）…40g
切段海帶芽（乾燥）……1又1/2大匙
長蔥……6cm

A
- 長蔥（碎末）……適量
- 大蒜（碎末）……薄片2片份
- 醬油、芝麻油……各1又1/2小匙
- 醋……1小匙
- 韓式辣椒醬……1/2小匙
- 砂糖……1/6小匙
- 辣椒粉……少許

炒白芝麻……少許

作法

1. 秋刀魚切除魚頭，清除內臟之後清洗乾淨。以廚房紙巾擦乾水分，切成2～3等分之後撒上鹽。以烤魚烤箱等將全體烤上色。
2. 茼蒿切成容易入口的長度。切段海帶芽泡水還原之後瀝乾水分。長蔥縱切成一半之後切絲，迅速地泡一下水之後瀝乾水分。中間的心切成碎末之後加入A之中，混合均勻備用。
3. 將1、2盛盤，以畫圓的方式淋上A，最後撒上炒白芝麻。

蝦子中含豐富的牛磺酸，有助於血管健康

韓式泡菜炒蝦

材料（2人份）

蝦（帶殼）……12尾
韓式白菜泡菜……50g
奶油乳酪……50g
芝麻油……1/2大匙
鹽、胡椒……各少許
珠蔥（小圓片）…2～3大匙

作法

1. 蝦保留蝦尾，剝除蝦殼，在蝦背切入切痕，挑除腸泥。韓式白菜泡菜切成一口大小，奶油乳酪切成1cm小丁。
2. 將芝麻油放入平底鍋中加熱，以大火炒蝦，待蝦肉變色之後加入鹽、胡椒、泡菜，迅速拌炒。
3. 加入乳酪，然後立刻關火。將全體混拌之後盛盤，撒上珠蔥。

能夠充分攝取蛋白質和鈣質

焗烤 蝦仁水煮蛋高麗菜

材料（2人份）

蝦……12尾
片栗粉……適量
鹽、胡椒……各適量
洋蔥……1/4個
高麗菜……2片
水煮蛋（粗末）……1個
奶油……1大匙
麵粉……2大匙
牛奶……1又1/2杯
乳酪粉……1大匙

作法

1. 蝦剝殼之後，挑除泥腸。撒滿片栗粉抓拌，以流動的清水洗淨之後擦乾水分，再撒上鹽1/6小匙、胡椒少許。洋蔥切成薄片，高麗菜切成大塊。
2. 將奶油放入平底鍋中加熱融化，放入洋蔥，炒到變軟為止，加入麵粉，以小火拌炒，避免炒焦。加入牛奶攪拌均勻，煮滾之後加入蝦仁、高麗菜攪拌。再度煮滾之後以鹽1/6小匙、胡椒少許調整味道。
3. 將2盛入耐熱器皿中，撒上水煮蛋，再撒上乳酪粉，以預熱至200度的烤箱烘烤12～15分鐘。

章魚中也含豐富有益於血壓等的牛磺酸

醋漬茄子章魚

章魚

材料（2人份）

水煮章魚（生魚片用）……100g
茄子……大3個
番茄……1個
橄欖油……2又1/2大匙
A
白酒醋……1大匙
砂糖、鹽、胡椒…各少許
醬油……1小匙

作法

1 章魚以斜刀片成薄片。茄子去除蒂頭之後縱切成4等分，再橫向切成2～3cm寬。番茄橫切成一半之後去籽，再切成一口大小。
2 將橄欖油和茄子放入平底鍋中，開火加熱。炒3～4分鐘，炒到茄子變軟之後關火，加入A。
3 將2移入缽盆中放涼，然後加入章魚和番茄調拌，以醬油調整味道之後盛盤，也可以用羅勒葉點綴。

蛋白質 13.4g　醣類 8.8g　熱量 245kcal

快炒一下是保有柔嫩口感的訣竅

美乃滋炒章魚

蛋白質 22.1g　醣類 2.0g　熱量 217kcal

材料（2人份）

水煮章魚（腳）……200g
A
美乃滋、酸黃瓜（碎末）……各2大匙
蒜泥……1/4小匙
粗磨黑胡椒、辣椒粉……各少許
橄欖油……1/2大匙

作法

1 水煮章魚斜片成一口大小。A混合備用。
2 平底鍋以大火加熱，燒熱橄欖油之後放入章魚，迅速炒一下。加入1的美乃滋醬汁，迅速拌炒，立刻關火，然後盛盤，也可以附上荷蘭芹。

PART

豆腐／油豆腐皮／凍豆腐
蒸黃豆／黃豆粉

黃豆

黃豆的營養豐富，甚至被稱為「田中肉」。
豆腐、油豆腐皮、納豆、豆漿、豆腐皮、味噌、醬油等
加工食品也很豐富。磨成粉末的黃豆粉
使用起來也很方便，受歡迎程度急速上升中。

淋上利用奶油玉米製作而成、較清淡的醬汁

玉米焗烤豆腐&雞肉

材料（2人份）

木綿豆腐	1塊
雞里肌肉	2條
鹽、胡椒	各適量
洋蔥	1/4個
青花菜	1/3棵
沙拉油	2小匙
麵粉	少許
小番茄	8個
A 奶油玉米（罐頭）	100g
A 白醬（市售品）	50g
A 牛奶	2大匙
A 鹽、胡椒	各少許
麵包粉	少許

作法

1. 木綿豆腐瀝乾水分之後，切成1㎝寬。雞里肌肉去除硬筋，以斜刀片成肉片之後撒上鹽、胡椒。洋蔥切成薄片，青花菜分成小朵。
2. 將沙拉油放入平底鍋中，以中火加熱，放入裹上麵粉的雞里肌肉和豆腐，將兩面煎成漂亮的金黃色。
3. 將洋蔥和青花菜加入2之中一起炒。炒到蔬菜稍微變軟之後，加入已經去除蒂頭的小番茄，撒上鹽、胡椒，預先調味。
4. 將A的材料放入鍋中混合攪拌。以小火加熱至全體混雜在一起。
5. 將3放入焗烤器皿中，淋上大量的4後撒上麵包粉。
6. 用小烤箱烘烤10分鐘左右，烤到上色為止。

使用豆腐取代麵包製作低熱量的料理

豆腐番茄健康披薩

材料（2人份）

- 木綿豆腐……1塊
- 洋蔥……1/4個
- 番茄……1個
- 火腿片……2片
- 青椒……1個
- 橄欖油……1大匙
- 披薩醬……2大匙
- 白酒……1小匙
- 披薩用乳酪……50g

作法

1. 木綿豆腐瀝乾水分之後切成6等分。洋蔥和番茄切成薄片，火腿片切成絲，青椒去籽之後切成圓片。
2. 讓橄欖油平均分布於平底鍋中。在鍋中鋪滿豆腐，塗上披薩醬。
3. 將洋蔥、番茄、披薩用乳酪、火腿、青椒放在2的上面，以畫圓的方式淋上白酒，蓋上鍋蓋之後以大火加熱4～5分鐘，直到乳酪融化為止。
4. 掀開鍋蓋讓水分蒸發，盛盤後依照喜好撒上黑胡椒。

因為味道較濃，所以可以依喜好增減調味料

肉片豆腐

材料（2人份）

木綿豆腐……1塊
特定部位牛邊角肉……150g
長蔥……1/2根
沙拉油……1大匙
砂糖……1又1/2大匙
酒……1大匙
醬油……2大匙

作法

1. 木綿豆腐放在耐熱器皿中，鬆鬆地覆蓋保鮮膜，以微波爐（600W）加熱2～3分鐘。
2. 牛邊角肉切成一口大小，長蔥斜切成薄片。
3. 將沙拉油放入已經燒熱的平底鍋中，以大火炒長蔥。
4. 長蔥變軟之後加入牛肉，炒到牛肉變色為止，加入砂糖、酒、醬油，以中火炒煮至汁液收乾為止。
5. 將1的豆腐瀝乾水分之後盛盤，擺上4，依個人喜好撒上七味辣椒粉。

蛋白質 24.4g　醣類 11.7g　熱量 463kcal

蛋白質 17.8g　醣類 3.3g　熱量 293kcal

在意脂肪的人請減少奶油的用量

西式炒豆腐

材料（4人份）

木綿豆腐……1塊
培根……3～4片
洋蔥……1/2個
青花菜……1/2棵
奶油……2大匙
蛋……4個
乳酪粉……2大匙
鹽……1/2小匙
胡椒……少許

作法

1. 木綿豆腐壓上重石20～30分鐘，然後徹底瀝乾水分，接著放入缽盆中以打蛋器大略壓碎。
2. 培根切成1.5cm寬，洋蔥切成粗末。青花菜分成小朵，燙煮得稍硬一點，再切成更小朵。
3. 將奶油放入已經燒熱的平底鍋中融化，放入培根和洋蔥一起炒。待洋蔥變透明之後加入1，充分炒到水分蒸發。
4. 將蛋放入缽盆中打散成蛋液，加入青花菜和乳酪粉攪拌。以畫圓的方式倒入3之中，炒到變成乾鬆狀態之後以鹽、胡椒調味。

使用大量香味蔬菜製作的醬汁，讓身體漸漸暖起來

香辣豆腐

蛋白質	醣類	熱量
9.0g	4.0g	162kcal

材料（2人份）

- 嫩豆腐……1塊
- A
  - 豆瓣醬……1/2～1小匙
  - 醬油……1大匙
  - 醋……1小匙
  - 芝麻油……1大匙
- 韭菜（碎末）……1/5把份
- 蔥（碎末）……2大匙

作法

1. 嫩豆腐稍微瀝乾水分。
2. A的材料攪拌均勻之後，加入韭菜和蔥攪拌。
3. 將1放在耐熱器皿中，包覆保鮮膜，再以微波爐（600W）加熱約2分30秒。以湯匙挖舀加熱過的豆腐盛盤，然後淋上2。

與味噌湯截然不同的溫和滋味

和風雞蛋豆腐湯

材料（1人份）

豆腐（依個人喜好）·1/2塊
和風湯（市售品）……1袋

作法

1 豆腐稍微瀝乾水分，切成7～8cm的長方柱狀。
2 將和風湯和1杯水倒入鍋中，加入1。煮熱之後，盛入容器中。

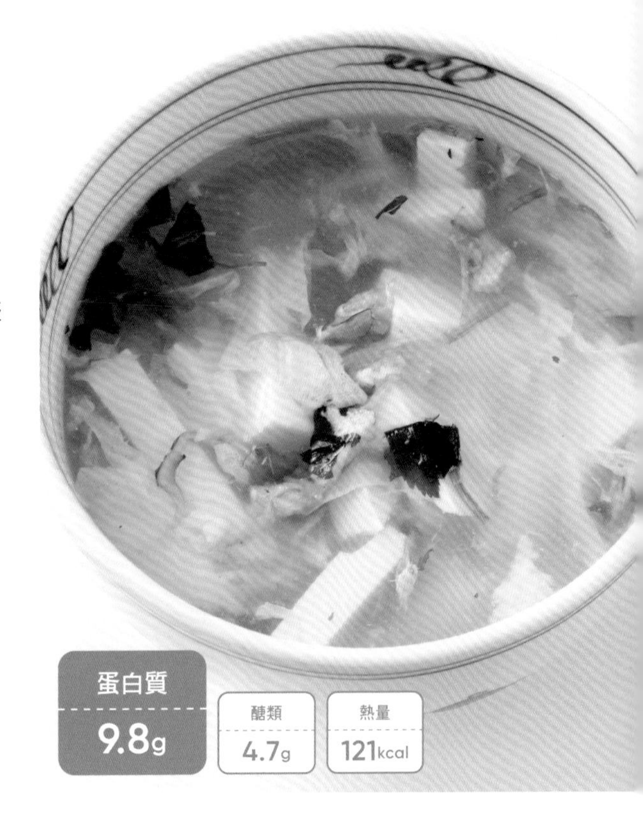

蛋白質	醣類	熱量
9.8g	4.7g	121kcal

蛋白質	醣類	熱量
20.4g	8.8g	217kcal

滋味濃郁，熱量卻意外地低

和風焗烤豆腐雞柳

材料（2人份）

嫩豆腐……1/2塊
雞里肌肉……2條
綠蘆筍……2根
白醬（罐頭）……1/2罐
味噌……1小匙
鹽、胡椒……少許
披薩用乳酪……20g

作法

1 雞里肌肉切除硬筋，以叉子戳刺幾個洞。放入耐熱容器中，淋上酒（分量外），然後包覆保鮮膜，以微波爐（500W）加熱2分半～3分鐘左右。放涼之後用手剝散。
2 嫩豆腐瀝乾水分。綠蘆筍切成容易入口的大小，放入加了鹽（分量外）的滾水燙煮。
3 將豆腐、白醬、味噌、鹽、胡椒放入缽盆中，一邊攪碎豆腐一邊充分混合均勻。
4 將雞里肌肉加入3之中混合，放入耐熱器皿中，再擺上綠蘆筍和披薩用乳酪。
5 放入烤箱中，烘烤至乳酪呈現焦色。

使用豆腐取代印度乳酪製作，很順口

豆腐肉末咖哩

材料（2人份）

木綿豆腐……1塊
沙拉油……3大匙
洋蔥（碎末）……1個份
大蒜（碎末）……1瓣份
生薑（碎末）……2小匙
牛絞肉……200g
麵粉……2小匙
咖哩粉……1大匙
番茄汁……1杯
高湯塊……1個
鹽……適量
中濃醬汁……1大匙
醬油……1小匙
胡椒……少許
米飯……丼碗2碗份略少
青椒、番茄（碎末）……各適量

作法

1 木綿豆腐稍微瀝乾水分，先用手大略剝碎。
2 將沙拉油放入鍋中，以中火把洋蔥炒到變成黃褐色。加入大蒜、生薑之後繼續炒，待散發出香氣之後，加入牛絞肉一起炒。
3 炒到牛肉變色之後撒入麵粉、咖哩粉拌炒。炒到沒有粉粒之後，加入番茄汁、高湯塊、鹽2/3小匙、中濃醬汁、醬油、水1杯熬煮。
4 加入1之後攪拌，煮乾水分直到適當的濃稠度，以鹽、胡椒調整味道。將熱騰騰的米飯盛盤，淋上咖哩，再附上青椒和番茄。

鹽漬鮭魚灑上酒後變得柔嫩，鹽分也消除了

微波蒸鮭魚豆腐

材料（4人份）

- 嫩豆腐……2塊
- 片栗粉……適量
- 鹽鮭……2片
- 酒……少許
- 蘿蔔嬰……適量
- 芝麻油……1大匙

作法

1. 每塊嫩豆腐切成16等分的正方形，在寬大的切面上撒滿片栗粉，將這面朝上，排列在耐熱器皿中。
2. 鹽漬鮭魚去骨去皮，每片以斜刀片成8等分，灑上酒之後放置5分鐘，然後放在1的上面。
3. 鬆鬆地覆蓋上保鮮膜，再以微波爐（600W）加熱4分鐘。
4. 蘿蔔嬰切成容易入口的長度，放在鮭魚上面，最後以畫圓的方式淋上芝麻油。

以番茄增添酸味和營養價值

鬆鬆軟軟 番茄炒蛋豆腐

材料（1人份）

- 木綿豆腐……1/2塊
- 番茄……1/2個
- 蛋……1個
- A
  - 牛奶……1大匙
  - 鹽、胡椒……各少許
  - 乳酪粉……1小匙
- 橄欖油……1小匙
- 青豆仁（冷凍）……1小匙

作法

1. 木綿豆腐稍微瀝乾水分，盛盤。番茄切成瓣形。
2. 蛋和A混合攪拌備用。
3. 將橄欖油放入平底鍋中加熱，以中火炒番茄和青豆仁，番茄炒軟之後加入2。大幅度拌炒，炒到蛋呈半熟狀時關火。
4. 將3放在豆腐上面。

低熱量高蛋白，可以代替吐司的早餐

乳酪&培根豆腐

材料（1人份）

- 木綿豆腐……1/2塊
- 培根……1片
- 乳酪片……1片
- 紅椒粉……少許

作法

1. 木綿豆腐稍微瀝乾水分，盛盤。培根、乳酪片切成一口大小。
2. 將豆腐放入耐熱容器中，上面擺放培根和乳酪，以微波爐（600W）加熱約1分鐘，直到乳酪融化。最後撒上紅椒粉。

不用油，簡單&健康的調理方式

微波雞柳豆腐

蛋白質 23.0g　醣類 2.8g　熱量 183kcal

材料（1人份）

- 木綿豆腐……1/2塊
- 雞里肌肉……1條
- 長蔥……5g
- A 酒……1小匙
- A 醬油……1小匙
- 柚子胡椒……1/2小匙

作法

1. 木綿豆腐稍微瀝乾水分，盛盤。雞里肌肉去除硬筋，以蝴蝶刀法片薄。長蔥斜切成薄片。
2. 將蔥片鋪在耐熱盤中，放上雞里肌肉，以畫圓的方式淋上A。鬆鬆地覆蓋保鮮膜，以微波爐（600W）加熱1分鐘。
3. 放涼之後，大略剝散雞里肌肉，將全體混拌在一起。
4. 將3放在豆腐上面，添加柚子胡椒。
5. 依個人喜好以微波爐加熱1分鐘左右。

鹽漬豆腐 材料和作法（1塊份）

1. 木綿豆腐1塊（嫩豆腐也OK）用廚房紙巾包住，以微波爐（600W）加熱4分鐘之後，瀝乾水分。
2. 豆腐撒上鹽1小匙，塗抹在整個豆腐上面。用廚房紙巾包住，放在長方形淺盤等器具中，醃漬一個晚上（中途翻面的話，水分會充分滲入廚房紙巾）。

好飽足！替換成木綿豆腐也OK

鹽漬豆腐 山苦瓜炒什錦

材料（2人份）

鹽漬豆腐	1塊
山苦瓜	120g
洋蔥	1/4個
綠豆芽	150g
芝麻油	1又1/2大匙
蛋	1個
A 日式高湯	1大匙
A 酒	2小匙
A 味醂	1小匙
A 醬油	1大匙
柴魚片	少許

作法

1. 鹽漬豆腐（參照上記）剝成較大的碎塊。山苦瓜縱切成一半，中間挖空之後切成5mm寬，撒鹽（分量外）搓揉。洋蔥切成薄片。綠豆芽摘除根部。
2. 將芝麻油1大匙放入平底鍋中加熱，放入鹽漬豆腐，煎到上色之後加入打散的蛋液，大幅度拌炒使鹽漬豆腐潰散，炒到蛋呈半熟狀時取出，放入淺盤等。
3. 將剩餘的芝麻油加熱，以大火炒洋蔥、山苦瓜。
4. 全體都沾裹芝麻油之後，加入綠豆芽一起炒。將已經混合的A也加進去。
5. 水分變少之後，將2倒回鍋中拌炒，然後盛盤，放上柴魚片。

一人一塊豆腐，充分補給蛋白質

蕈菇芡汁 鹽漬豆腐排

材料（2人份）

鹽漬豆腐	2塊
生香菇	2個
小蔥	5～6根
舞菇	1/2盒
沙拉油	1大匙
大蒜	1瓣
麵粉	少許
蘿蔔嬰	1/4盒
滑菇	1盒
A 酒	1大匙
A 麵味露	2小匙
A 蠔油	2小匙

作法

1 鹽漬豆腐（參照右頁）擦乾表面的水分。生香菇切成3～4mm，小蔥切成2cm。舞菇分成小株。

2 將沙拉油和切成薄片的大蒜放入平底鍋中，並且以小火加熱。

3 加熱到大蒜散發出香氣，而且上色之後取出。

4 將鹽漬豆腐薄薄地撒滿麵粉，放入3的平底鍋中，將兩面煎成金黃色，然後盛入鋪滿蘿蔔嬰的器皿中。

5 用4的平底鍋炒香菇、舞菇、滑菇，炒到變軟之後加入A。小蔥也加進去拌炒之後，淋在4的鹽漬豆腐上面，添加3的大蒜。

填入各式各樣的配料，又稱為「寶煮」

豆皮福袋煮

材料（2人份）

油豆腐皮……2片
雞腿肉……1片
年糕……1個
生香菇……1個
蛋……4個

A
- 日式高湯……2杯
- 雞骨高湯顆粒……1小匙
- 薄口醬油……1又1/2大匙
- 味醂……1/2大匙

鴨兒芹……適量

作法

1. 用長筷在油豆腐皮上前後滾動數次，將上下剝離。
2. 將大小切成一半，打開呈袋狀避免破損。以畫圓方式淋上滾水，然後用廚房紙巾夾住，吸除油分備用。
3. 雞腿肉切成一口大小，年糕橫切成4等分。生香菇切除堅硬的底部，縱切成一半之後切成薄片。在每個油豆腐皮袋中填滿各1/4量的雞肉、年糕、香菇，再將蛋放入容器中打散成蛋液，每個油豆腐皮袋中各倒入1個蛋的蛋液。
4. 將油豆腐皮袋保持水平以免袋口翻倒，同時用牙籤別住，固定袋口。其餘的油豆腐皮中也填滿配料。
5. 將A放入較小的鍋子中，以中火煮滾，然後將4緊密地擺入鍋中。再度煮滾之後蓋上落蓋，以小火煮7分鐘左右。連同煮汁一起盛盤，以切碎的鴨兒芹裝飾。

還能同時攝取鈣質，有益於肌肉的一道料理

烤豆皮鑲乳酪絞肉

材料（2人份）

油豆腐皮……2片
洋蔥（碎末）……1/8個份
大蒜（碎末）……1/4瓣份
綜合絞肉……150g

A
- 醬油……1/2大匙
- 鹽、胡椒……各少許

乳酪片……2片
青紫蘇……2片
蘿蔔泥……2大匙
檸檬（瓣形）、醬油……各適量

作法

1. 將洋蔥、大蒜、綜合絞肉、A放入缽盆中，揉拌混合之後分成8等分。乳酪片切成一半。
2. 油豆腐皮橫切成一半，張開切口。分別填入1的肉餡，各插入1片乳酪片之後以牙籤封口。
3. 將鋁箔紙鋪在烤箱的烤盤上，然後擺放上2，烘烤8分鐘左右。中途上下翻面，烤到裡面熟透為止。
4. 切成一半之後盛盤，附上青紫蘇、蘿蔔泥、檸檬，並且將蘿蔔泥淋上醬油。

即使肉的分量不多，還是很有嚼勁

照燒凍豆腐豬肉卷

材料（2人份）

凍豆腐……2片
豬里肌肉薄片……8片
橄欖油……1/2大匙
A
醬油……4小匙
味醂……2小匙
砂糖……1小匙
酒……1大匙
水菜……適量
番茄（瓣形切片）……1/2個份

作法

1 凍豆腐泡在溫水中還原之後擠乾水分，切成4等分的棒狀。
2 將豬里肌肉薄片攤平，放上1，從前方開始一圈圈捲起來，捲得緊密一點，以手用力按壓，讓肉卷的形狀固定。
3 將橄欖油放入平底鍋中加熱，然後將2的閉合處朝下擺在鍋中，邊滾動邊煎熟。加入A之後煮乾水分，讓煮汁沾裹在肉卷上，直到煮汁呈現光澤，然後將肉卷切成一半。
4 在盤中鋪上切成容易入口大小的水菜和番茄，然後將3盛盤。

不使用奶油製作的健康料理

焗烤雞肉凍豆腐

材料（2人份）

凍豆腐……2片
雞腿肉……120g
鹽、胡椒……各適量
洋蔥……1/4個
鴻喜菇……1盒
青花菜……1/4個
椰子油……1大匙
麵粉……3大匙
牛奶……1又1/2杯
法式清湯顆粒……1小匙
披薩用乳酪……30g

作法

1 凍豆腐泡在溫水中還原之後擠乾水分。將厚度切成一半，再縱切成一半之後切成1cm寬。雞腿肉切成一口的大小，以鹽、胡椒各少許抓拌。
2 洋蔥切成粗末，鴻喜菇切除底部之後分成小株。青花菜分成小朵之後以滾水燙煮。
3 將椰子油放入平底鍋中，以中火加熱，煎雞肉。待雞肉變色之後移往鍋邊，空出來的鍋面用來炒洋蔥。炒到洋蔥變軟後，撒入麵粉，全體融合之後一點一點地加入牛奶、水1/3杯、法式清湯顆粒，煮到煮汁變得濃稠。
4 放入鴻喜菇和凍豆腐，撒上鹽、胡椒各少許，煮2～3分鐘。
5 將2的青花菜和4放入耐熱器皿中，撒上披薩用乳酪，以小烤箱烘烤10～15分鐘。

嘴裡、肚子裡都能感受到的鬆軟溫柔！

蛋花凍豆腐

材料（2人份）

凍豆腐……2片
生香菇……3朵
洋蔥……1/2個
豆苗……1袋
A ┌日式高湯……1又1/2杯
　│酒、味醂……各1大匙
　└醬油……4小匙
蛋……2個

作法

1 凍豆腐泡在溫水中還原之後擠乾水分，縱切成一半之後切成6～7mm厚。生香菇切除菇柄之後切成薄片，洋蔥切成薄片。豆苗切除底部之後將長度切成一半。
2 將A放入鍋中以大火加熱，煮滾之後放入凍豆腐、香菇、洋蔥，以大火煮5分鐘左右。
3 撒上豆苗再稍微煮滾，以畫圓的方式倒入打散的蛋液，煮到蛋呈半熟狀時關火。

醬料會裹滿肉片，所以調味料使用少量就OK

紅燒肉風味凍豆腐肉卷

材料（4人份）

凍豆腐……2片
豬腿肉薄片……250g
沙拉油……1小匙
A ┌蠔油、雞骨高湯顆粒……各1小匙
　│片栗粉……2小匙
　│醬油、酒……各1大匙
　└水……1/2杯
水煮蛋……2個
青江菜……大1棵

作法

1 凍豆腐泡水還原之後擠乾水分，每片切成4份，以豬腿肉薄片捲起來。
2 將沙拉油放入平底鍋中加熱，以中火將1的表面煎成金黃色。
3 加入A和已經剝殼的水煮蛋，煮10分鐘左右。
4 將3的水煮蛋各切成2份，與2和燙煮過的青江菜一起盛盤。

簡單又好看。加了蛋提升蛋白質

凍豆腐
無派皮法式鹹派

材料（2人份）

- 凍豆腐……1片
- 菠菜……1/2把
- 維也納香腸……4根
- 蛋……2個
- 牛奶……1杯
- 披薩用乳酪……40g
- 法式清湯顆粒……1/2小匙
- 鹽、胡椒……各少許

作法

1. 凍豆腐泡在溫水中還原之後擰乾水分，縱切成一半之後切成7～8mm厚。菠菜以滾水迅速燙一下之後擰乾水分，切成2～3cm長。維也納香腸斜切成薄片。
2. 將蛋放在缽盆中打散成蛋液，加入牛奶、披薩用乳酪、法式清湯顆粒、鹽、胡椒混合攪拌。
3. 將1放入烤皿中，倒入2，以預熱至200度的烤箱烘烤20～25分鐘（如果是使用小烤箱，中途要覆蓋鋁箔紙，烘烤約15分鐘）。

蛋白質 58.2g　醣類 1.3g　熱量 709kcal

將麵包粉替換成凍豆腐，減少醣類

乳酪火腿夾心
炸雞柳

材料（2人份）

- 凍豆腐……2片
- 雞里肌肉……6條
- 鹽、胡椒……各少許
- 里肌火腿……3片
- 乳酪片……3片
- 青紫蘇……6片
- 打散的蛋液……1個份
- 炸油……適量

作法

1. 雞里肌肉以蝴蝶刀法片薄之後，以擀麵棍敲薄，撒上鹽、胡椒。里肌火腿、乳酪片切成一半。
2. 在1片1的雞里肌肉上面擺放切半的火腿和乳酪片各1片、青紫蘇1片，縱向對摺。其餘雞里肌肉的作法也相同。
3. 凍豆腐以菜刀切碎。
4. 將2沾裹蛋液，再裹上3。以加熱到170度的炸油乾炸。切成一半之後盛盤，依個人喜好附上皺葉萵苣。

讓血液循環順暢的抗老化料理

香蒜辣椒黃豆

材料（容易製作的分量）

蒸黃豆……………………100g
紅辣椒……………………1根
橄欖油……………………1大匙
大蒜（碎末）…………1瓣份
鹽、粗磨黑胡椒……各少許

作法

1 紅辣椒去籽。
2 將橄欖油、紅辣椒、大蒜放入平底鍋中，以小火加熱，散發出香氣之後加入蒸黃豆拌炒。以鹽、粗磨黑胡椒調整味道。

青海苔含有豐富的礦物質、維生素、鐵質

青海苔黃豆

材料（容易製作的分量）

蒸黃豆……………………100g
醬油……………………1/2小匙
青海苔……………………1小匙

作法

1 將蒸黃豆放入缽盆中，加入醬油、青海苔混合攪拌。

以黃豆降低醣類，以乳酪增加鈣質

黃豆粉
韓式乳酪煎餅

材料（直徑約24cm 1片份）

蒸黃豆粉	50g	芝麻油	適量
韭菜	1/2把	A 醬油、醋、檸檬汁	各1大匙
蛋	1個	A 炒白芝麻	1小匙
黃豆芽	50g	A 蒜泥	少許
韓式白菜泡菜	30g	A 辣椒粉	適量
披薩用乳酪	50g		

作法

1. 韭菜切成4cm長。
2. 將蛋放入缽盆中打散成蛋液，再加入蒸黃豆粉、水50～70ml、韭菜、黃豆芽、韓式白菜泡菜、披薩用乳酪一起攪拌。
3. 將芝麻油放入平底鍋中加熱，倒入2攤平。單面煎熟之後翻面，一邊以鍋鏟按壓一邊煎。
4. 切成容易入口的大小，盛盤。附上將A混合調勻而成的醬汁。

蛋白質 38.5g　醣類 3.4g　熱量 704kcal

使用黃豆粉&凍豆腐帶來酥脆的口感

黃豆粉炸豬排

材料（2人份）

蒸黃豆粉	2大匙	打散的蛋液	1個份
凍豆腐	1片	炸油	適量
豬里肌肉厚片	2片	高麗菜、小番茄、檸檬	適量
鹽、胡椒	各少許		

作法

1. 製作麵衣。凍豆腐裝進稍厚一點的塑膠袋中，以擀麵棍大略敲碎，與蒸黃豆粉1大匙混合。
2. 豬里肌肉厚片切除硬筋，撒上鹽、胡椒。全體撒上蒸黃豆粉1大匙，然後拍除多餘的粉末。在蛋液中快速浸一下，然後沾裹1，以手用力按壓。
3. 以180度的炸油將2炸到變成金黃色。
4. 切成容易入口的大小，附上切成細絲的高麗菜、小番茄、切成瓣形的檸檬。

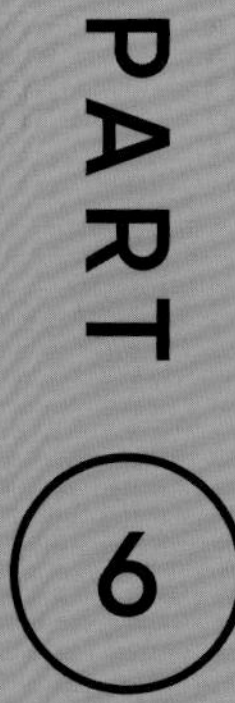

蛋含有全部8種必需胺基酸，
可以說是理想的蛋白質來源。維生素A、D，
鐵、鈣、磷等礦物質成分也很豐富。
覺得有點筋疲力盡的時候，務必吃點蛋！

在配料上多費點心思，提高營養價值

尼斯風味沙拉

蛋白質	醣類	熱量
16.6g	2.3g	234kcal

材料（2人份）

水煮蛋……3個
四季豆（燙煮過）……6根
小番茄……5個
黑橄欖……5個
鮪魚罐頭……小1罐

作法

1 水煮蛋剝殼之後，切成一半。四季豆切成容易入口的大小。小番茄縱切成一半。
2 將1、黑橄欖、鮪魚盛盤，依個人喜好淋上沙拉醬或美乃滋。

像吃沙拉一般享用鬆軟的蛋

美乃滋炒蛋和蟹肉棒

材料（4人份）

蛋	6個	大蒜	小1瓣
萵苣	4片	鹽、胡椒	各少許
小黃瓜	1根	芝麻油	2大匙
蟹肉棒	8根	美乃滋	4大匙
長蔥	1根		

作法

1 萵苣切成5㎜寬，小黃瓜切成細絲之後盛盤。
2 蟹肉棒將長度切成一半，用手大略剝散。長蔥、大蒜切成碎末。
3 蛋打散成蛋液，撒上鹽、胡椒。
4 將芝麻油、大蒜和長蔥放入平底鍋中，開火加熱，炒香。散發出香氣之後加入蟹肉棒拌炒，轉為大火，將3一口氣倒進鍋中。
5 以鍋鏟大幅度輕輕攪拌，待蛋的表面凝固之後加入美乃滋，迅速拌炒之後鋪在1的蔬菜上面。

加入蝦仁讓料理增添豪華感

油菜花歐姆炒蛋

材料（4人份）

蛋	8個	A 美乃滋	4大匙
油菜花	1把	A 牛奶	2大匙
鹽	適量	A 鹽、胡椒	各少許
蝦（帶殼）	6尾	洋蔥（薄片）、	
沙拉油	1又1/3大匙	個人喜歡的香藥草	各適量

作法

1 油菜花以加入了少許鹽的滾水燙煮，過一下冷水之後擠乾水分。切除底部老硬的部分之後切成2㎝長，粗莖則縱切成2～4份。
2 蝦挑除腸泥，以加入了少許鹽的滾水燙煮之後剝殼，切成容易入口的大小。
3 將蛋放入缽盆中打散成蛋液，加入A攪拌。
4 將沙拉油放入平底鍋中加熱，依照順序加入1、2拌炒。倒入3，以中火～大火加熱，用長筷大幅度攪拌，蛋液變成半熟狀之後移離爐火，利用餘熱完成。盛盤之後附上洋蔥和香藥草。

南瓜含有益於改善感染症或老化的成分

芝麻美乃滋
烤水煮蛋南瓜

材料（4人份）

- 水煮蛋……4個
- 南瓜……1/4個
- A 白芝麻粉……1大匙
- A 美乃滋……3大匙
- 白酒（或酒）……1又1/2大匙
- 鹽、胡椒……各少許
- 奶油……少許

作法

1. 南瓜去除籽和籽囊，放入耐熱器皿中覆蓋保鮮膜，以微波爐（500W）加熱9分30秒。水煮蛋切成4等分的圓形切片。
2. 將A混合攪拌。烤箱預熱至230度。
3. 將1的南瓜以叉子大略切碎成一口大小。
4. 將奶油薄薄地塗在耐熱器皿中，零亂地盛入水煮蛋和3，然後淋上A。放入已經預熱完成的烤箱中，烘烤5分鐘左右，烤成漂亮的金黃色。（如果使用小烤箱，則烘烤5～6分鐘。）

大量的配料讓分量十足

韓式煎餅風味玉子燒

材料（2人份）

- 蛋……3個
- 胡蘿蔔……5cm
- 珠蔥……8根
- 芝麻油……1小匙
- 蝦仁……小5尾
- 海瓜子（水煮）……20g
- A 美乃滋、檸檬汁……各1大匙
- A 豆瓣醬……2/3小匙

作法

1. 將蛋放入缽盆中打散成蛋液，加入水1大匙攪拌。胡蘿蔔切絲，珠蔥切成5cm長。
2. 將芝麻油放入鐵氟龍玉子燒鍋中加熱，稍微炒一下蝦仁和海瓜子，取出。接著炒胡蘿蔔，取出。
3. 將1的蛋液倒入2的玉子燒鍋中，上面擺放珠蔥和2。用鋁箔紙當作落蓋，以小火～中火燜煎。
4. 蛋液的表面變乾之後取出，切成4等分。盛盤，附上將A混合而成的醬汁。

只使用不需要太擔心膽固醇的蛋白

鬆軟蛋白雞肉湯

材料（2人份）

蛋白……2個份
雞胸肉……130g
A ┌ 雞骨高湯顆粒……2/3小匙
　└ 滾水……1杯
片栗粉……1小匙
B ┌ 雞骨高湯顆粒……1/2小匙
　└ 水……2杯
珠蔥……3根

作法

1 雞胸肉去除雞皮之後切成一口的大小。
2 將A混合之後放涼。
3 將1和蛋白以果汁機攪打。攪打至八分程度之後，加入2和片栗粉，充分攪拌至變成泥狀。
4 用鍋子將B煮滾，為了讓3一點一點地凝固，一邊慢慢地攪拌一邊加入鍋中。全部加入之後，將火勢調整成不會咕嚕咕嚕沸騰的程度，煮3分鐘左右，然後倒入容器中，擺上切成蔥花的珠蔥。

蛋白質 15.6g　醣類 2.1g　熱量 84kcal

蛋白質 17.2g　醣類 8.3g　熱量 300kcal

早餐的經典・荷包蛋變身為華麗的晚餐料理

芡汁荷包蛋

材料（4人份）

蛋……8個
生香菇……3朵
火腿……4片
沙拉油……2大匙
芝麻油……1/2大匙
綠豆芽……1袋
A ┌ 番茄醬、片栗粉、醬油……各1大匙
　│ 醋……2大匙
　│ 砂糖……1又1/2大匙
　└ 鹽……1/3小匙

作法

1 生香菇切除堅硬的底部，菇傘切成圓形切片，菇柄用手撕開。火腿切成一半之後，切成7～8㎜。
2 將沙拉油1大匙放入平底鍋中加熱，然後每次將1個蛋打入鍋中，開始凝固成形時摺成一半，煎成自己喜歡的硬度，取出之後盛入盤中。分成數次煎8個荷包蛋，中途補加剩餘的沙拉油。
3 迅速擦拭2的平底鍋，放入芝麻油，將1炒到變軟之後加入綠豆芽，開大火炒1～2分鐘。加入A，一邊攪拌一邊煮到煮汁變濃稠，然後淋在2的上面。

以鮪魚增加蛋白質的含量，炒番茄的甜味與蛋很對味

番茄鮪魚炒蛋

材料（4人份）

蛋⋯⋯⋯⋯⋯⋯⋯⋯⋯⋯4個
番茄⋯⋯⋯⋯⋯⋯⋯⋯⋯2個
長蔥⋯⋯⋯⋯⋯⋯⋯⋯1/2根
鮪魚罐頭⋯⋯⋯⋯⋯⋯小2罐
鹽、胡椒⋯⋯⋯⋯⋯各少許
沙拉油⋯⋯⋯⋯⋯⋯⋯2大匙
蠔油⋯⋯⋯⋯⋯⋯⋯1/2大匙

作法

1 番茄去除蒂頭，橫切成一半之後去籽，然後切成一口的大小。長蔥縱向切入十字型切痕之後，切成7mm寬。鮪魚瀝乾罐頭汁液，迅速剝散。
2 將蛋放入缽盆中打散成蛋液，加入鹽、胡椒、鮪魚之後混合攪拌。
3 將沙拉油放入平底鍋中加熱，以大火炒番茄。待油分均勻裹滿番茄之後倒入2，大幅度攪拌，將蛋液加熱至變成半熟狀。加入蔥，從鍋壁倒入蠔油，迅速拌炒完成。

添加少量的美乃滋，製作出鬆軟的歐姆蛋

菠菜歐姆蛋

材料（2人份）

蛋⋯⋯⋯⋯⋯⋯⋯⋯⋯⋯3個
菠菜⋯⋯⋯⋯⋯⋯⋯⋯100g
A 美乃滋⋯⋯⋯⋯⋯⋯2小匙
A 鹽、胡椒⋯⋯⋯⋯各少許
橄欖油⋯⋯⋯⋯⋯⋯⋯1小匙
番茄（瓣形）⋯⋯小1個份

作法

1 菠菜以滾水燙煮，泡在冷水中，然後擠乾水分，切成2cm長。
2 將蛋放入缽盆中打散成蛋液，加入A攪拌，再加入1繼續攪拌。
3 將橄欖油放入較小的平底鍋中，以中火加熱，倒入2。一邊攪拌一邊加熱至變成半熟狀之後，整理成歐姆蛋的形狀煎烤，然後盛盤。
4 接著迅速煎烤番茄，然後附加在3的旁邊。

做出美味煎蛋的訣竅是「稍小的中火」

披薩風味煎蛋

材料（2人份）

蛋……4個
番茄……小2個
沙拉油……1/2大匙
披薩用乳酪……50g
A［鹽、粗磨黑胡椒……各少許

作法

1 番茄切成5㎜寬的瓣形。
2 將沙拉油放入平底鍋中加熱，以1人2個蛋的分量將蛋打入鍋中。
3 蛋白煎熟之後，撒入番茄、披薩用乳酪，撒上A之後蓋上鍋蓋，燜煎至乳酪融化為止。盛盤之後，可以添上細葉香芹。

蛋白質 19.0g　醣類 6.2g　熱量 292kcal

蛋白質 10.9g　醣類 1.3g　熱量 169kcal

溫和滋養身體的豆腐&蛋的料理

菠菜香腸法式鹹派

材料（4人份）

蛋……3個
菠菜……1把
香腸……4根
木綿豆腐……1/2塊
橄欖油……1小匙
鹽、胡椒……各少許

作法

1 菠菜洗淨之後，鬆鬆地覆蓋上保鮮膜，再以微波爐（600W）加熱3分鐘。泡在冷水中，接著擠乾水分，切除根部，再切成3～4㎝長。香腸斜切成片。
2 木綿豆腐放在耐熱盤中，以微波爐（600W）加熱1分30秒。以廚房紙巾包住，上面放置小盤子，靜置5分鐘瀝乾水分。
3 將橄欖油放入平底鍋中加熱，炒1，撒上鹽、胡椒。
4 將2加入打散的蛋液中，以湯匙大略弄碎，再加入3一起攪拌。倒入耐熱容器中，以小烤箱烤出漂亮的顏色（以1200W烤10分鐘為標準）。

愉快享受溫和的甜味

奶油玉米蛋

材料（4人份）

蛋	6個	雞骨高湯顆粒	1/3小匙
鹽	1/3小匙	荷蘭芹（碎末）	適量
胡椒	少許	粗磨黑胡椒	少許
奶油	2大匙		
奶油玉米罐頭	大1/2罐		

作法

1 蛋打散成蛋液，加入鹽、胡椒攪拌。
2 平底鍋以火加熱，放入奶油，待融化之後開大火，倒入1。
3 以木製煎匙等大幅度攪拌，炒成半熟狀之後加入奶油玉米、雞骨高湯顆粒，繼續慢慢地大幅度攪拌，將蛋炒熟。
4 將3盛入盤中，撒上荷蘭芹和粗磨黑胡椒。

蛋白質 9.7g　醣類 4.4g　熱量 179kcal

蛋白質 24.7g　醣類 23.5g　熱量 417kcal

擔心醣類的人使用低醣類的甜味調味料

水煮蛋牛肉卷

材料（2人份）

水煮蛋	4個	沙拉油	1大匙
青花菜	1/2棵	砂糖	2大匙
牛肉薄片	120g	醬油	1大匙
麵粉	少許		

作法

1 水煮蛋剝殼。青花菜分成小朵，以加了少許鹽（分量外）的滾水燙煮得稍硬一點，然後瀝乾水分。
2 將牛肉薄片一片片分別攤平，再將水煮蛋捲起來，包住整顆蛋。以相同的方式製作4個，然後沾裹薄薄一層麵粉。
3 將沙拉油放入平底鍋中加熱，然後將2排列在鍋中，一邊滾動一邊以稍大的中火煎2～3分鐘。
4 加入砂糖、醬油，煮1分鐘左右讓味道沾裹在牛肉片上，同時使醬汁呈現光澤，然後加入青花菜，青花菜熱了之後即可關火。

正在減重的人可增加低熱量的蕈菇分量

鴻喜菇蝦仁軟綿炒蛋

材料（4人份）

- 蛋……4個
- 蝦……5尾
- 鴻喜菇……1盒
- 長蔥……1/2根
- 芝麻油……1大匙
- A
  - 砂糖……1/2小匙
  - 蠔油……1/2小匙
  - 鹽、胡椒……各少許
  - 熱水……1杯
- 片栗粉……2小匙

作法

1. 蝦去殼去尾，挑除腸泥，切成1.5cm寬。鴻喜菇切除堅硬的底部之後剝散。長蔥縱向切成4份，然後從橫切面切成7～8mm寬。
2. 將芝麻油放入平底鍋中，以大火加熱，再放入1一起炒。待蝦仁開始變色之後加入A攪拌。
3. 將片栗粉以2小匙的水溶勻，在攪拌煮滾2的時候加入鍋中勾芡。
4. 將蛋放入缽盆中打散成蛋液，在3煮滾的時候倒進鍋中。不要立刻攪拌，稍微等一下，待底部的蛋液漸漸凝固之後，以從底部舀起的方式大幅度翻拌，將全體煮熟之後盛盤。

連同螃蟹罐頭的汁液一起使用，提升風味

豆腐芙蓉蛋

材料（2人份）

- 蛋……小2個
- 嫩豆腐……1/3塊
- 螃蟹罐頭……小1罐
- 長蔥……1/3根
- 沙拉油……1小匙
- A
  - 水……1/2杯
  - 酒……2小匙
  - 醬油……1小匙
  - 雞骨高湯顆粒、砂糖……各1/2小匙
- 片栗粉……1/2大匙
- 珠蔥……適量

作法

1. 將嫩豆腐稍微瀝乾水分。將蛋放入缽盆中打散成蛋液，然後將螃蟹罐頭連同汁液一起加進去，大略攪拌一下。長蔥切成碎末。
2. 將沙拉油和長蔥放入平底鍋中炒，炒出香氣之後放入1的豆腐，再倒入蛋液，炒到呈半熟狀之後盛盤。
3. 將A的材料放入小鍋中煮滾，再將片栗粉以1/2大匙的水溶勻之後加入鍋中勾芡，然後淋在2的上面，撒上珠蔥的蔥花。

依蛋白質含量排序　索引

21.0g	金針菇擔擔麵	P046
21.0g	薑燒豬肉	P030
20.9g	海帶芽乳酪豬肉卷	P035
20.9g	微波毛豆燒賣	P046
20.3g	榨菜炒豬肉	P042
19.5g	滷豬腰內肉	P044
19.1g	番茄豬肉卷	P036
18.8g	烤生香菇腰內肉南蠻漬	P044
18.3g	俄式酸奶蜂斗菜豬肉	P037
17.9g	番茄燉花椰菜豬肉	P040
17.1g	蔥絲芥末拌涮肉片	P036
16.8g	烤長蔥豬肉卷	P039
16.7g	咖哩炒茄子豬肉	P038
16.0g	香煮豬肉片	P041
15.3g	葡萄柚醋淋豬火鍋肉片	P035
14.8g	西洋芹豬肉卷	P039
14.7g	涼拌香嫩豬肉	P034
13.2g	生薑燉排骨	P045

牛肉

61.8g	味噌漬牛肉	P063
43.6g	牛肉義式三明治	P064
28.2g	麵包粉煎乳酪夾心牛肉排	P051
27.7g	韓式風味豆腐燉牛肉	P064
27.1g	蔬菜多多牛肉卷	P056
22.3g	乳酪焗烤牛肉	P054
20.9g	芥末籽煎牛肉	P048
20.8g	黃豆芽牛火鍋肉片佐韭菜醬汁	P054
20.5g	牛邊角肉的炸丸子	P057
20.3g	牛肉半敲燒	P053
20.3g	紫蘇卷一口牛排	P049
20.0g	牛肉蓋飯	P058
20.0g	微波烤牛肉	P053
19.0g	異國風味咖哩	P061
18.4g	照燒茄子牛肉卷	P050
18.3g	番茄醬汁拌嫩煎牛肉	P063
18.1g	蒜味牛排	P062
17.2g	豆瓣醬炒牛絞肉竹筍豌豆莢	P059
16.7g	香料烤牛肉	P059
16.1g	嫩煎蕪菁牛肉佐芥末籽醬汁	P052
16.1g	味噌醬汁牛肉串燒	P050

雞肉

121.2g	鹽麴雞胸肉火腿	P013
60.3g	咖哩檸檬煮	P015
38.8g	義式雞肉蛋櫛瓜麵	P023
35.3g	中式核桃青花菜炒雞肉	P022
35.0g	南蠻雞	P016
34.5g	香辣堅果炒雞肉	P022
32.9g	義式生火腿雞肉卷	P025
32.7g	俄式酸奶雞肉	P021
32.6g	炸雞塊	P019
32.5g	香辣雞肉沙拉	P015
32.4g	橄欖油大蒜蘆筍雞肉	P026
32.3g	異國風味雞肉炒豆苗	P020
32.1g	嫩煎雞肉佐蘑菇奶油醬汁	P018
31.4g	秋葵泥鹽麴雞肉	P025
31.4g	芥末籽醬煮高麗菜雞肉	P012
31.2g	中式蒸雞肉	P017
31.1g	八寶菜風味雞肉炒青江菜	P014
31.0g	半敲燒風味沙拉	P023
30.6g	快炒萵苣雞肉	P024
30.5g	雞肉南蠻漬	P019
25.9g	乳酪夾心炸雞柳	P027
23.5g	治部煮	P021
23.4g	燜烤煙燻鮭魚雞柳卷	P027
22.1g	蒸雞肉佐蔬菜醬汁	P020
21.0g	雞柳拿坡里義大利麵	P026
20.5g	番茄煮雞胸肉	P024
18.6g	坦都里炸雞翅腿	P028
17.5g	免油炸香雞排	P028

豬肉

25.1g	豬肉南蠻漬	P031
24.6g	煎豬里肌肉	P030
24.0g	蠔油煮豬肉	P032
23.8g	煎山藥豬肉卷	P034
22.0g	香辣豆芽拌豬肉	P033
21.9g	韭菜炒豬肉	P043
21.5g	鹹甜炒豬肉	P043
21.3g	芝麻拌芝麻菜豬火鍋肉片	P033
21.3g	芥末籽嫩煎豬腰內肉	P045
21.2g	椰汁豬肉花椰菜	P032

30.4g	焗烤雞肉凍豆腐	P096
26.8g	玉米焗烤豆腐&雞肉	P084
25.3g	蕈菇芡汁鹽漬豆腐排	P093
24.6g	凍豆腐無派皮法式鹹派	P098
24.4g	肉片豆腐	P086
23.0g	微波雞柳豆腐	P091
22.8g	烤豆皮鑲乳酪絞肉	P094
21.5g	照燒凍豆腐豬肉卷	P095
20.8g	豆腐番茄健康披薩	P085
20.7g	紅燒肉風味凍豆腐肉卷	P097
20.4g	和風焗烤豆腐雞柳	P088
19.4g	鬆鬆軟軟番茄炒蛋豆腐	P090
18.7g	蛋花凍豆腐	P097
17.8g	西式炒豆腐	P086
17.2g	乳酪&培根豆腐	P091
17.1g	青海苔黃豆	P099
17.1g	微波蒸鮭魚豆腐	P090
17.1g	香蒜辣椒黃豆	P099
16.7g	鹽漬豆腐山苦瓜炒什錦	P092
9.8g	和風雞蛋豆腐湯	P088
9.0g	香辣豆腐	P087

蛋

24.7g	水煮蛋牛肉卷	P108
22.3g	油菜花歐姆炒蛋	P103
19.0g	披薩風味煎蛋	P107
17.2g	芡汁荷包蛋	P105
16.6g	尼斯風味沙拉	P102
15.6g	鬆軟蛋白雞肉湯	P105
14.9g	韓式煎餅風味玉子燒	P104
13.4g	番茄鮪魚炒蛋	P106
12.8g	美乃滋炒蛋和蟹肉棒	P103
12.8g	豆腐芙蓉蛋	P109
11.2g	鴻喜菇蝦仁軟綿炒蛋	P109
10.9g	菠菜香腸法式鹹派	P107
10.8g	菠菜歐姆蛋	P106
9.7g	奶油玉米蛋	P108
8.4g	芝麻美乃滋烤水煮蛋南瓜	P104

14.8g	烤牛肉	P061
14.5g	蒟蒻絲版韓式炒冬粉	P057
14.4g	牛肉櫛瓜韓式歐姆蛋	P055
14.2g	麵包粉烤帶骨牛肋排	P060
13.9g	烤牛肋排南蠻漬	P060
13.0g	番茄煮牛肉	P056
10.6g	異國風味牛火鍋肉片沙拉	P055

魚肉

53.8g	炸豆腐鯖魚罐頭雪見鍋	P067
32.8g	乳酪夾心炸旗魚	P073
32.2g	韓式泡菜炒蝦	P081
32.1g	蛋焗鯖魚罐頭和豆腐	P066
31.6g	芙蓉鯖魚高麗菜卷	P068
28.3g	焗烤蝦仁水煮蛋高麗菜	P081
25.8g	芥末籽烤鮭魚	P070
25.4g	乳酪炸鰆魚	P075
24.4g	棒棒雞風味鯖魚	P069
22.9g	竹筴魚南蠻漬	P080
22.3g	鮪魚新洋蔥堅果沙拉	P079
22.1g	美乃滋炒章魚	P082
21.2g	鮪魚半敲燒沙拉	P078
20.9g	醬炒番茄旗魚	P073
20.0g	韃靼鮪魚	P079
19.9g	煎旗魚	P072
19.8g	烤秋刀魚沙拉	P080
19.7g	番茄煮馬鈴薯沙丁魚	P076
18.7g	咖哩煮鮭魚高麗菜	P071
18.6g	煎鰤魚蘿蔔溫沙拉	P074
18.3g	咖哩麵衣炸沙丁魚	P077
18.1g	照燒鰤魚	P074
17.5g	中式蒸蔬菜鰆魚	P075
13.7g	鯖魚鬆蓋飯	P067
13.4g	醋漬茄子章魚	P082
13.3g	沙丁魚甘露煮	P077

黃豆

58.2g	乳酪火腿夾心炸雞柳	P098
41.2g	黃豆粉韓式乳酪煎餅	P100
38.5g	黃豆粉炸豬排	P100
36.4g	豆皮福袋煮	P094
35.3g	豆腐肉末咖哩	P089

STAFF

醫學監修／福田千晶

醫學博士、健康科學顧問。1988年，從日本慶應義塾大學醫學部畢業之後，曾於東京慈惠會醫科大學附屬醫院復建醫學科任職，目前以醫師的身分在診所從事診療工作，擔任企業的特約產業醫師，在演講、寫作、電視演出等各個領域十分活躍。

藝術裝飾	江原レン（mashroom design）
設計	青山奈津美（mashroom design）
撰文	植田晴美
料理	秋山里美、麻生れいみ、池上保子、今泉久美、岩﨑啓子、植松良枝、牛尾理恵、大越郷子、大庭英子、落合貴子、金丸絵里加、栗山真由美、検見﨑聡美、菰田欣也、瀬尾幸子、田口成子、夏梅美智子、平岡淳子、藤井恵、（株）フード・アイ、（株）Food Smile、堀知佐子、松田紀子、みなくちなほこ、武蔵裕子
攝影	大井一範、奥谷仁、公文美和、白根正治、鈴木雅也、中村太、広瀬貴子、松久幸太郎、山田洋二、渡辺七奈
營養計算	徳丸美沙（スタジオ食）
編輯	足立舞香（主婦の友社）
編輯主任	三橋祐子（主婦の友社）

高たんぱく質レシピ151

Originally published in Japan by Shufunotomo Co., Ltd
Translation rights arranged with Shufunotomo Co., Ltd.
Through Tohan Corporation Japan.

高蛋白增肌減重料理151
醫學博士監修！6大食材特調，均衡好吃無負擔

2021年1月1日初版第一刷發行

編　　著　主婦之友社
醫學監修　福田千晶
譯　　者　安珀
編　　輯　曾羽辰
特約美編　鄭佳容
發 行 人　南部裕
發 行 所　台灣東販股份有限公司
　　　　　＜網址＞http://www.tohan.com.tw
法律顧問　蕭雄淋律師
香港發行　萬里機構出版有限公司
　　　　　＜地址＞香港北角英皇道499號北角工業大廈20樓
　　　　　＜電話＞（852）2564-7511
　　　　　＜傳真＞（852）2565-5539
　　　　　＜電郵＞info@wanlibk.com
　　　　　＜網址＞http://www.wanlibk.com
　　　　　　　　　http://www.facebook.com/wanlibk
香港經銷　香港聯合書刊物流有限公司
　　　　　＜地址＞香港荃灣德士古道220-248號
　　　　　　　　　荃灣工業中心16樓
　　　　　＜電話＞（852）2150-2100
　　　　　＜傳真＞（852）2407-3062
　　　　　＜電郵＞info@suplogistics.com.hk
　　　　　＜網址＞http://www.suplogistics.com.hk

Printed in Taiwan, China.
TOHAN